《公式集》

熱力学関係式

ヘルムホルツの自由エネルギー $F = E - TS$

グランドポテンシャル $\Omega = E - TS - \mu N$

$$\left(\frac{\partial S}{\partial E}\right)_{V,N} = \frac{1}{T}, \quad \left(\frac{\partial S}{\partial V}\right)_{E,N} = \frac{p}{T}, \quad \left(\frac{\partial S}{\partial N}\right)_{E,V} = -\frac{\mu}{T}$$

$$\left(\frac{\partial F}{\partial T}\right)_{V,N} = -S, \quad \left(\frac{\partial F}{\partial V}\right)_{T,N} = -p, \quad \left(\frac{\partial F}{\partial N}\right)_{T,V} = \mu$$

$$\left(\frac{\partial \Omega}{\partial T}\right)_{V,\mu} = -S, \quad \left(\frac{\partial \Omega}{\partial V}\right)_{T,\mu} = -p, \quad \left(\frac{\partial \Omega}{\partial \mu}\right)_{T,V} = -N$$

統計集団と熱力学関数

小正準集団：状態数 $W(E, V, N) = \sum_l \delta_{E=E_l}$,

$$p_{\mathrm{MCA}}(l) = \frac{1}{W(E,V,N)} \delta_{E=E_l}$$

$$S(E, V, N) = k_{\mathrm{B}} \log W(E, V, N) \quad \text{（ボルツマンの関係式）}$$

正準集団：分配関数 $Z(T, V, N) = \sum_l e^{-\beta E_l}, \quad p_{\mathrm{CA}}(l) = \dfrac{e^{-\beta E_l}}{Z(T, V, N)}$

$$F(T, V, N) = -k_{\mathrm{B}} T \log Z(T, V, N)$$

大正準集団：大分配関数 $Z_G(T, V, \mu) = \displaystyle\sum_{N=0}^{\infty} \sum_l e^{-\beta(E_l - \mu N)}$,

$$p_{\mathrm{GCA}}(N, l) = \frac{e^{-\beta(E_l - \mu N)}}{Z_G(T, V, \mu)}$$

$$\Omega(T, V, \mu) = -k_{\mathrm{B}} T \log Z_G(T, V, \mu)$$

数学公式

ガウス積分 $\displaystyle\int_{-\infty}^{\infty} dx\, e^{-ax^2} = \sqrt{\frac{\pi}{a}} \quad (a > 0)$

半径 r の N 次元球の体積 $\displaystyle\int dx_1 \cdots dx_N\, \theta\left(r - \sqrt{x_1^2 + \cdots + x_N^2}\right)$

$$= \frac{\pi^{N/2} r^N}{\Gamma[(N/2) + 1]}$$

スターリングの公式 $N! \simeq \sqrt{2\pi N}\, N^N e^{-N} \quad (N \gg 1)$

$$\log N! \simeq \frac{1}{2} \log 2\pi + \left(N + \frac{1}{2}\right) \log N - N$$

$$\simeq N \log N - N \quad (N \gg 1)$$

量子統計力学

マクロな現象を量子力学から理解するために

石原純夫・泉田 渉 ［著］

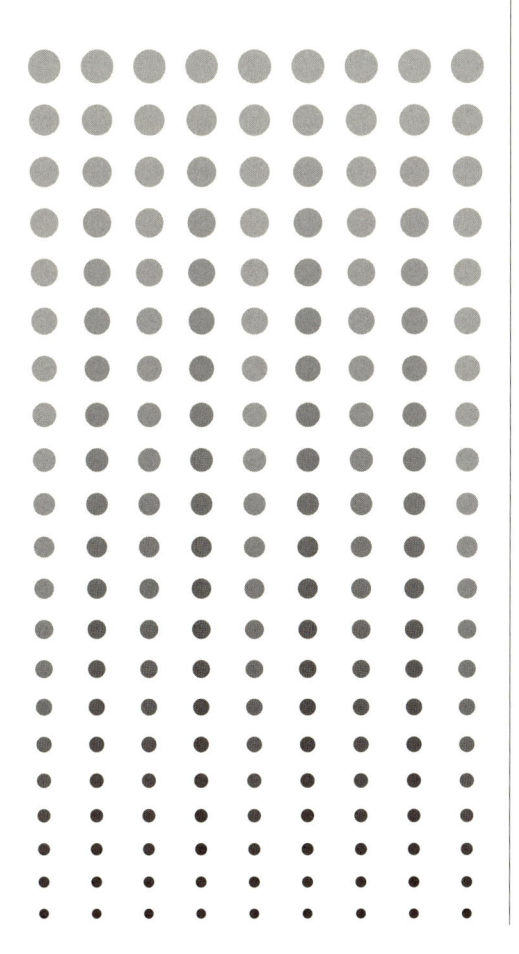

10

フロー式
物理演習
シリーズ

須藤彰三
岡　　真
［監修］

共立出版

刊行の言葉

　物理学は，大学の理系学生にとって非常に重要な科目ですが，"難しい"という声をよく聞きます．一生懸命，教科書を読んでいるのに分からないと言うのです．そんな時，私たちは，スポーツや楽器（ピアノやバイオリン）の演奏と同じように，教科書でひと通り"基礎"を勉強した後は，ひたすら（コツコツ）"練習（トレーニング）"が必要だと答えるようにしています．つまり，1つ物理法則を学んだら，必ずそれに関連した練習問題を解くという学習方法が，最も物理を理解する近道であると考えています．

　現在，多くの教科書が書店に並んでいますが，皆さんの学習に適した演習書（問題集）は，ほとんど見当たりません．そこで，毎日1題，1ヵ月間解くことによって，各教科の基礎を理解したと感じることのできる問題集の出版を計画しました．この本は，重要な例題30問とそれに関連した発展問題からなっています．

　物理学を理解するうえで，もう1つ問題があります．物理学の言葉は数学で，多くの"等号（＝）"で式が導出されていきます．そして，その等号1つひとつが単なる式変形ではなく，物理的考察が含まれているのです．それも，物理学を難しくしている要因であると考えています．そこで，この演習問題の中の例題では，フロー式，つまり流れるようにすべての導出の過程を丁寧に記述し，等号の意味がわかるようにしました．さらに，頭の中に物理的イメージを描けるように図を1枚挿入することにしました．自分で図に描けない所が，わからない所，理解していない所である場合が多いのです．

　私たちは，良い演習問題を毎日コツコツ解くこと，それが物理学の学習のスタンダードだと考えています．皆さんも，このことを実行することによって，驚くほど物理の理解が深まることを実感することでしょう．

須藤　彰三
岡　　真

はじめに

「金属はどうしてピカピカ光っているのだろう？」，「くぎはどうして磁石にくっつくの？」，「アイスを冷蔵庫から出すとどうして溶けちゃうの？」小さい頃，だれもが抱く身近な世界のフシギである．我々は大人になるにつれてこれらを当たり前のこととして受け入れ，不思議に思ったことすらいつの間にか忘れてしまう．

量子統計力学は，我々が直接見て感じ取れるようなマクロな現象の不思議を量子力学から解き明かす学問である．量子力学は原子核や素粒子などの極微な物体の性質を取り扱うものであり，普段の生活で出会うような身近な現象には必要ないと思うかもしれない．しかし金属や磁石，氷などは多数の原子が集まって作られており，それら独特の光学特性や磁性，熱特性は，原子核と電子の性質を正しく取り入れて初めて理解される．だからと言って，これらの謎解きが量子力学の単なる応用問題だと思うのは早急である．1個2個の粒子が示す物理現象と，10^{23}個という想像もつかない莫大な数の原子核と電子が織りなす現象とは質的にも異なる．両者では異質の物理法則が働いているといってもよい．10^{23}個の世界の法則を量子力学に基づいて構築するのが量子統計力学の醍醐味であり，それはマクロな量子現象の発現ともいえる．

本書は主に理工系大学3,4年生を対象とした量子統計力学の演習書である．取り上げた例題と発展問題は，東北大学理学部物理系の学生を対象とした講義と演習で用いたものを基にしている．古典統計力学を学習していることを前提としているが，第1章ではその復習を設けている．各章の初めに記した解説《内容のまとめ》を読み，それに続く例題，これと深く関係した発展問題を解くことで，量子統計力学の初歩から相互作用のある系の問題まで学ぶことができるようになっている．

特に各例題の解答では，本演習シリーズの主旨である"基本的な問題を導出過程や物理的イメージを含めて丁寧に解説する"を十分踏まえることを意識した．通常は講義や演習でしかなかなか触れられない，かつ初学者が陥りやすいポイントを丁寧に解説することで，初めて学ぶ読者でも自学自習ができる内容とした．わが国にはたくさんの優れた統計力学の演習書がすでに出版されているが，屋上

屋を重ねることなく異なった主旨の演習書ができたのではないかと思う．

　本書で学ぶ読者は，必ず紙と鉛筆（ペン）を用意してまず自力で問題を解いて欲しい．インターネット時代において我々は，電子ファイル文章を素早く読む（しかも斜めに）癖がついてしまった．丁寧に解説がしてあるとはいえ，本書を眺めるだけではあまり学習効果は期待できない．おそらく古代エジプト時代から何千年も続いている学習の王道はここ数十年の技術革新で変わることはない．さらに，問題を解き終わってもそれで終わりにしないで欲しい．得られた式の左辺と右辺が等しいということは何を意味するのか？　他の解法は無いか？　古典統計力学との関係は？　など．問題を解き終わってからが物理の始まりだといってもよい．

　本書で参考にした著書を以下に記す．
「熱学・統計力学」：久保亮五編，裳華房，(1998)
「統計力学入門」：高橋康，講談社，(1984)
「熱学・統計力学」：原島鮮，培風館，(1978)
「統計物理学」：川勝年洋，朝倉書店，(2008)
「統計力学 I, II」：田崎晴明，培風館，(2008)
「量子力学 I」：朝永振一郎，みすず書房，(1969)
「キッテル　熱物理学」：C. キッテル，H. クレーマー，丸善，(1983)
「熱力学・統計力学」：W. グライナー，L. ナイゼ，H. シュテッカー，丸善，(2012)
本演習シリーズ「統計力学」：川勝年洋（出版予定）と本書は独立した構成となっているが，合わせて読むことで学習効果が上がることが期待される．

　最後に，執筆に当たり，有用なご意見をいただいた東北大学教授須藤彰三先生ならびに共立出版編集制作部島田誠氏に御礼申し上げる．本書の学習を通して，読者が小さい頃に抱いたフシギの謎解きに一歩近づけば本望である．

2014 年 3 月　　　　　　　　　　　　　　　　　　　　　著者を代表して
　　　　　　　　　　　　　　　　　　　　　　　　　　　　石原純夫

目 次

1　古典統計力学の復習と量子統計力学の基礎　　1
- 例題 1【理想気体（古典統計力学）】　　6
- 例題 2【調和振動子（古典統計力学）】　　9
- 例題 3【量子統計力学の基礎】　　12
- 例題 4【理想気体（半古典的取り扱い）】　　15
- 例題 5【2 準位系】　　19
- 例題 6【自由なスピン系】　　22

2　フェルミ粒子とボーズ粒子　　26
- 例題 7【フェルミ・ディラック統計，ボーズ・アインシュタイン統計】　　29
- 例題 8【フェルミ・ディラック分布関数】　　32
- 例題 9【ボーズ・アインシュタイン分布関数】　　36
- 例題 10【フェルミ・ディラック分布関数（最大項の方法）】　　39
- 例題 11【マクスウェル・ボルツマン分布関数との関係】　　42
- 例題 12【ゾンマーフェルト展開】　　44

3　格子振動・電磁場の統計力学　　48
- 例題 13【アインシュタイン模型】　　53
- 例題 14【弾性波の状態密度】　　57
- 例題 15【デバイ模型】　　61
- 例題 16【調和振動子（演算子の方法）】　　66
- 例題 17【電磁場と調和振動子】　　70
- 例題 18【電磁場の統計力学】　　74

4　フェルミ粒子系・ボーズ粒子系の展開　　78
例題 19【自由粒子の状態密度】 80
例題 20【縮退した電子系の化学ポテンシャル】 83
例題 21【縮退した電子系の熱力学的性質】 86
例題 22【パウリの常磁性】 89
例題 23【ボーズ・アインシュタイン凝縮】 93
例題 24【ボーズ・アインシュタイン凝縮と次元性】 98

5　相互作用のある系の統計力学　　101
例題 25【イジング模型の平均場近似 I】 105
例題 26【イジング模型の平均場近似 II】 109
例題 27【1次元イジング模型の厳密解 I】 113
例題 28【1次元イジング模型の厳密解 II】 117
例題 29【相転移のランダウ理論 I】 121
例題 30【相転移のランダウ理論 II（空間依存性のある場合）】 125

6　発展問題解答　　129

重要度
★★★★★

1 古典統計力学の復習と量子統計力学の基礎

―― 《 内容のまとめ 》――

　我々の身近に存在する固体や液体，気体ではおよそ 10^{23} 個という莫大な数の原子が集まり，それらが複雑に相互作用をすることで様々な物理現象が生じている．このような系の比熱や磁化，電気抵抗などのマクロな性質を，物質の構成要素や相互作用などのミクロな視点から明らかにするのが統計力学の目的である．莫大な数の構成要素からなる系を理解するには，少数個の粒子からなる系の物理では現れなかった統計集団や統計平均という考えが重要な概念となる．これをおさらいしよう．

　確率的に決まる事象（現象）―たとえば，箱に入った色付きの球を引くくじ引き―を考え，赤球が出る，白球が出るなどの各々の事象を変数 i で指定し（赤球は $i=1$，白球は $i=2\cdots$），その総数を M とする（$i=1,2,\cdots M$）．各々の事象に対して，それが実現する確率 p_i（赤球の出る確率 $p_1=1/20$，白球の出る確率 $p_2=1/40\cdots$）を考え，これは規格化条件 $\sum_{i=1}^{M}p_i=1$ を満たすものとする．各々の事象に対応して決まる関数 f_i を考えよう（たとえば赤玉は 10 点 $f_1=10$，白玉は 20 点 $f_2=20\cdots$）．f_i の平均値（期待できる点数）は

$$\langle f \rangle \equiv \sum_{i=1}^{M} p_i f_i \tag{1.1}$$

で与えられる．上記の場合は事象を指定する変数 i が離散的であったが，これが連続的である場合（棒を投げ上げて地面に落ちたときの先端の北から測った角度など）は実数 x を導入すればよい．この場合は，確率の代わりに確率密度関数 $\rho(x)$ を考え，事象に関する和は x に関する積分となる．事象を定める x に対し

て決まる関数 $f(x)$ の平均値は

$$\langle f \rangle \equiv \int_{-\infty}^{\infty} dx \rho(x) f(x) \tag{1.2}$$

となる．ここで，x の変域を $(-\infty, \infty)$ として規格化条件 $\int_{-\infty}^{\infty} \rho(x)dx = 1$ が満たされているものとする．これにより様々な平均値が評価できる．

上記の確率の一般論に沿って古典統計力学を考えよう．統計力学における**事象**とは，注目する系において実現する個々のミクロな状態である．古典力学では粒子の座標 (x, y, z) と運動量 (p_x, p_y, p_z) を指定することで状態は定まるので，N 粒子からなる系では $6N$ 個の実数 $\Gamma \equiv \{\boldsymbol{q}_1, \boldsymbol{q}_2 \cdots \boldsymbol{q}_N; \boldsymbol{p}_1, \boldsymbol{p}_2 \cdots \boldsymbol{p}_N\}$ が事象を指定する連続的な変数である．ここで $\boldsymbol{q}_i = (q_{ix}, q_{iy}, q_{iz})$ と $\boldsymbol{p}_i = (p_{ix}, p_{iy}, p_{iz})$ はそれぞれ i 番目の粒子の座標と運動量である．これは $6N$ 次元の位相空間における点の座標である．確率密度関数をどのように取るかは，どのような条件（束縛条件）下で系を考えるかに依存する．マクロな変数である内部エネルギー E，体積 V，粒子数 N を定め，これを実現するミクロな状態を集めた統計集団を小正準集団（ミクロカノニカル集団）とよぶ．ここで，すべてのミクロな状態はマクロな状態に等しく寄与をするとの考えを，等重率の原理とよぶ．取り得るミクロな状態の総数を $W(E, V, N)$ とすると，確率密度関数は

$$\rho_{\mathrm{MCA}}(\Gamma) = \begin{cases} \dfrac{1}{W(E, V, N)} & E < \mathcal{H} < E + \delta E \text{ の場合} \\ 0 & \text{その他の場合} \end{cases} \tag{1.3}$$

で与えられる．ここで $\mathcal{H}$ は系のハミルトニアンである．これはまたディラックのデルタ関数を用いて

$$\rho_{\mathrm{MCA}}(\Gamma) = \frac{\delta(E - \mathcal{H}) \delta E}{W(E, V, N)} \tag{1.4}$$

とも書かれる．δE は E と比較して微小なエネルギーの幅であり，最終的に $\delta E / E \to 0$ とすることで結果は δE によらないことが示される．$W(E, V, N)$ はその定義から

$$W(E, V, N) = \frac{1}{N!} \int \delta(E - \mathcal{H}) \delta E \frac{d\Gamma}{h^{3N}} \tag{1.5}$$

で与えられる．ここで $d\Gamma$ は $dq_{1x} \cdots dq_{Nz} dp_{1x} \cdots dp_{Nz}$ を形式的に表したものであり，デルタ関数のために，積分は $E = \mathcal{H}$ の条件のもとで行うことになる．ここで因子 $1/h^{3N}$ は一つの量子状態に対応する位相空間の体積が h^{3N} であるこ

とに由来したもので，ハイゼンベルグの不確定性関係に起因する．また，$1/N!$ は古典統計力学における N 個の同種粒子の名前のつけ方が $N!$ であることに由来した因子（ギブスの因子）であり，これについては例題 1，例題 2 ならびにそれぞれの発展問題で詳しく取り扱う．これらを用いると Γ の関数 $f(\Gamma)$ の小正準集団における平均値は

$$\langle f \rangle_{\mathrm{MCA}} = \frac{1}{N!} \int \rho_{\mathrm{MCA}}(\Gamma) f(\Gamma) \frac{d\Gamma}{h^{3N}} \tag{1.6}$$

となる．統計的な量と熱力学的な物理量を結び付けるものはボルツマンの原理

$$S(E, V, N) = k_{\mathrm{B}} \log W(E, V, N) \tag{1.7}$$

であり，これを使うとエントロピー $S(E, V, N)$ を評価することができる．ここで，k_{B} はボルツマン定数である．

統計集団（＝くじ引きの箱の中身）として，小正準集団と別な集団を取ることもできる．内部エネルギーの代わりに温度 T を指定することで，(T, V, N) が定められたマクロな状態を実現するミクロな状態の集団を正準集団（カノニカル集団）とよぶ．さらに粒子数の代わりに化学ポテンシャル μ を指定することで，(T, V, μ) が定められた状態を実現する集団を大正準集団（グランドカノニカル集団）とよぶ．それぞれの確率密度関数は

$$\rho_{\mathrm{CA}}(\Gamma) = \frac{e^{-\beta \mathcal{H}}}{Z(T, V, N)} \tag{1.8}$$

$$\rho_{\mathrm{GCA}}(N, \Gamma) = \frac{e^{-\beta(\mathcal{H} - \mu N)}}{Z_G(T, V, \mu)} \tag{1.9}$$

で与えられる．ここで $\beta = (k_{\mathrm{B}} T)^{-1}$ である（本書を通してこの定義を用いることにする）．Z ならびに Z_G はそれぞれ分配関数，大分配関数（あるいは大きな分配関数）とよばれる規格化因子であり

$$Z(T, V, N) = \frac{1}{N!} \int e^{-\beta \mathcal{H}} \frac{d\Gamma}{h^{3N}} \tag{1.10}$$

$$Z_G(T, V, \mu) = \sum_{N=0}^{\infty} \frac{1}{N!} \int e^{-\beta(\mathcal{H} - \mu N)} \frac{d\Gamma}{h^{3N}} \tag{1.11}$$

である．大正準集団の場合は粒子数 N を決めたうえで Γ がミクロな状態を表すことに注意したい（Γ は N の関数である）．これらの集団における $f(\Gamma)$ の平均値はそれぞれ

$$\langle f \rangle_{\mathrm{CA}} = \frac{1}{N!} \int \rho_{\mathrm{MCA}}(\varGamma) f(\varGamma) \frac{d\varGamma}{h^{3N}} \tag{1.12}$$

$$\langle f \rangle_{\mathrm{GCA}} = \sum_{N=0}^{\infty} \frac{1}{N!} \int \rho_{\mathrm{GCA}}(N, \varGamma) f(\varGamma) \frac{d\varGamma}{h^{3N}} \tag{1.13}$$

となる．また

$$F(T, V, N) = -k_{\mathrm{B}} T \log Z(T, V, N) \tag{1.14}$$

$$\Omega(T, V, \mu) \equiv -pV = -k_{\mathrm{B}} T \log Z_G(T, V, \mu) \tag{1.15}$$

の関係式により，ヘルムホルツの自由エネルギー $F(T, V, N)$ やグランドポテンシャル $\Omega(T, V, \mu)$ を計算することができる．3つの統計集団は互いに等価であり，熱力学極限（$N/V = $ 一定のもとで $N \to \infty, V \to \infty$）において同じ結果を与えるので，問題や状況に応じて使いやすい集団を選べばよい．

さて量子統計力学では，一つひとつのミクロな状態はどのように指定したらよいだろうか．古典統計力学で用いた位相空間の座標 $\varGamma$ は，量子力学では不確定性関係のために定義できない．量子力学ではシュレディンガー方程式

$$\mathcal{H} \psi_l = E_l \psi_l \tag{1.16}$$

を満たす波動関数がミクロな状態を記述するから，固有状態を識別する量子数 l を事象を指定する（離散的な）変数とすることができる．小正準集団において，ミクロな状態 l がマクロな状態に寄与をする確率は

$$p_{\mathrm{MCA}}(l) = \frac{1}{W(E, V, N)} \delta_{E=E_l} \tag{1.17}$$

で与えられ，$W(E, V, N)$ は

$$W(E, V, N) = \sum_l \delta_{E=E_l} \tag{1.18}$$

となる．ただし，$\delta_{E=E_l}$ は $E_l = E$ の場合に1，その他はゼロを取るものとする．同様に正準集団，大正準集団における状態 l が寄与をする確率は

$$p_{\mathrm{CA}}(l) = \frac{e^{-\beta E_l}}{Z(T, V, N)} \tag{1.19}$$

$$p_{\mathrm{GCA}}(N, l) = \frac{e^{-\beta(E_l - \mu N)}}{Z_G(T, V, \mu)} \tag{1.20}$$

で与えられ，分配関数，大分配関数はそれぞれ

$$Z(T,V,N) = \sum_l e^{-\beta E_l} \tag{1.21}$$

$$Z_G(T,V,\mu) = \sum_{N=0}^{\infty} \sum_l e^{-\beta(E_l - \mu N)} \tag{1.22}$$

となる．古典統計力学の場合と同様に大正準集団における和の記号 $\sum_N \sum_l$ は，まず，N を固定したうえで固有状態に関する和を実行し，これを N について和を取ることを意味している．これらを用いると演算子 $\hat{f}$ の統計力学的平均値は

$$\langle f \rangle_{\mathrm{MCA}} = \sum_l p_{\mathrm{MCA}}(l) f_l \tag{1.23}$$

などとなる．ここで f_l は固有状態 ψ_l における $\hat{f}$ の量子力学的平均値である．これについては例題3で詳しい考察をする．

最後に統計力学の骨子をまとめておこう．統計力学はミクロな立場からマクロな物理現象を理解する学問体系である．平衡状態を取り扱う統計力学は（その非常に基礎的な側面を除いては）ほぼ完成しており，その枠組みは次の原理の上に構築されている．(a) 平衡状態のマクロな物理量はある統計集団における統計平均により記述される．(b) (E,V,N) が一定の平衡状態においては，これを実現するミクロな状態が等しく寄与をする（等重率の原理）．(c) $S(E,V,N) = k_{\mathrm{B}} \log W(E,V,N)$（ボルツマンの原理）．正準集団や大正準集団の理論は平衡状態を指定するマクロな変数（束縛条件）を (E,V,N) から変更したものであり，本質的には上記の原理から派生したものと言える．もちろん量子統計力学もこの原理の上に構築されている．古典統計力学との大きな違いは，ミクロな状態の記述の仕方と粒子の統計性であり，この違いがどのような豊富で興味深い現象を発現するかを本書を通して紹介する．

例題 1　理想気体（古典統計力学）

体積 V の箱に閉じ込められた質量 m の N 個の同種粒子からなる理想気体の性質を，古典統計力学に基づいて考える．ハミルトニアンと分配関数はそれぞれ

$$\mathcal{H} = \sum_{i=1}^{N} \frac{p_i^2}{2m} \tag{1.24}$$

$$Z = \frac{1}{N!h^{3N}} \int \cdots \int dq_{1x} \cdots dq_{Nz} dp_{1x} \cdots dp_{Nz} e^{-\beta \mathcal{H}} \tag{1.25}$$

で与えられる．ここで q_i と p_i はそれぞれ i 番目の粒子の座標と運動量であり，また $p_i = |p_i|$ である．分配関数を具体的に計算せよ．この結果を用いてヘルムホルツの自由エネルギー，エントロピー，および内部エネルギーを求めよ．また理想気体の状態方程式 $pV = Nk_\mathrm{B}T$ が成り立つことを示せ．

考え方

古典力学で記述される自由粒子を，温度 T，体積 V，粒子数 N の定められた正準集団の考えに基づいて取り扱い，分配関数を求めることで熱力学関数を導出する．各粒子の運動は独立であるから，ハミルトニアンは各粒子からの寄与の和で表され，一つの粒子に対する分配関数を計算することに帰着する．計算の際にはギブスの因子 $1/N!$ に注意が必要である．

解答

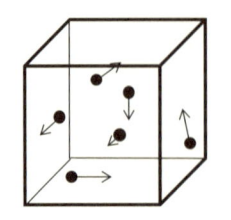

粒子は独立なので，全系のハミルトニアンは各粒子のハミルトニアンの和で表される．さらに i 番目の粒子のハミルトニアンにおいて，3 方向の運動が独立であることを用いると，分配関数は

ワンポイント解説

$$Z = \frac{1}{N!} \prod_{i=1}^{3N} \left[\frac{1}{h} \int\int dq_i dp_i e^{-\beta p_i^2/(2m)} \right] \quad (1.26)$$

と表される．ここで座標と運動量の添え字を $(q_{1x}, q_{1y}, \cdots q_{Ny}, q_{Nz})$ から $(q_1, q_2, \cdots q_{3N-1}, q_{3N})$ などと表示を変更した．ハミルトニアンは座標を含まないのでこれに関する積分は実行できて，各粒子ごとに体積 V を与える．一方，運動量に関する積分はガウス積分を用いて計算することができる．結局，分配関数は

$$Z = \frac{V^N}{N!} \left(\frac{2\pi m k_B T}{h^2} \right)^{3N/2} \quad (1.27)$$

となる．

得られた分配関数より，ヘルムホルツの自由エネルギーは

$$\begin{aligned} F &= -k_B T \log Z \\ &= -N k_B T \left[1 + \log \left\{ \frac{V}{N} \left(\frac{2\pi m k_B T}{h^2} \right)^{3/2} \right\} \right] \end{aligned} \quad (1.28)$$

となる．ヘルムホルツの自由エネルギーが (T, V, N) の関数として（つまり完全な熱力学関数として）求められたので，他のすべての熱力学関数はこれにより求められる．エントロピーは

$$\begin{aligned} S &= -\left(\frac{\partial F}{\partial T} \right)_{N,V} \\ &= N k_B \left[\frac{5}{2} + \log \left\{ \frac{V}{N} \left(\frac{2\pi m k_B T}{h^2} \right)^{3/2} \right\} \right] \end{aligned} \quad (1.29)$$

となる．これらの式を用いると内部エネルギー E は

$$E = F + TS = \frac{3}{2} N k_B T \quad (1.30)$$

と求められる．この結果は，3 つの自由度 (p_x, p_y, p_z) にそれぞれ $k_B T/2$ のエネルギーが分配されており，エネルギーの等分配則を意味している．

- ガウス積分：
$$\int_{-\infty}^{\infty} dx\, e^{-ax^2} = \sqrt{\frac{\pi}{a}}$$
$(a > 0)$

- 結局 p のみの一重積分の問題に帰着する．発展問題 1-2 では同じ問題を小正準集団により取り扱うが，そこで現れる $6N$ 重積分と比べて計算がはるかに簡単であることがわかる．

- $N \gg 1$ のときに成り立つスターリングの公式
$$\log N! \simeq N \log N - N$$
を用いる．

- ヘルムホルツの自由エネルギー F を (T, V, N) の関数で表したものや，エントロピー S を (E, V, N) の関数で表したものを完全な熱力学関数とよぶ．一つの完全な熱力学関数から他の完全な熱力学関数を任意性無く求めることができる．

最後に圧力は,
$$p = -\left(\frac{\partial F}{\partial V}\right)_{T,N} = \frac{Nk_\mathrm{B}T}{V} \quad (1.31)$$
となり，理想気体の状態方程式を統計力学から導くことができた．

例題 1 の発展問題

1-1. 本例題の分配関数の計算においてギブスの因子 $1/N!$ を考慮しないと，ヘルムホルツの自由エネルギーが示量的とならないことを示せ．

1-2. 本例題と同じ自由な粒子についての問題を，エネルギー E，体積 V，粒子数 N を一定とする小正準集団の考えにより取り扱うことでエントロピーを求めよ．これが本例題の式 (1.29) と一致することを確かめよ．ここで半径 r の N 次元球の体積が
$$\int dx_1 \cdots dx_N \theta\left(r - \sqrt{x_1^2 + \cdots + x_N^2}\right) = \frac{\pi^{N/2} r^N}{\Gamma[(N/2)+1]} \quad (1.32)$$
であることを用いてよい．ここで $\Gamma(x)$ はガンマ関数であり，$\theta(x)$ は $x > 0$ のとき $\theta(x) = 1$，$x < 0$ のとき $\theta(x) = 0$ を満たす階段関数である．

1-3. 本例題で導出した式 (1.29) のエントロピーは，温度の降下とともに減少しやがて負になる．これは $T \to 0$ で $S \to 0$ とならず，熱力学第 3 法則を満たしていない．熱的ド・ブロイ波長とよばれる次の量
$$\lambda_T = \frac{h}{\sqrt{2\pi m k_\mathrm{B} T}} \quad (1.33)$$
を導入することで，S が負となる条件を導きその物理的意味を考察せよ．

例題 2　調和振動子（古典統計力学）

1次元方向に振動する独立な N 個の調和振動子について考える．温度 T における系の熱力学的性質を古典統計力学により取り扱う．ハミルトニアンは

$$\mathcal{H} = \sum_{i=1}^{N} \left[\frac{p_i^2}{2m} + \frac{1}{2} m \omega^2 q_i^2 \right] \tag{1.34}$$

で与えられる．ここで m は質点の質量，ω は角振動数であり，i 番目の質点の座標と運動量をそれぞれ q_i と p_i とした．分配関数，ヘルムホルツの自由エネルギー，エントロピー，および内部エネルギーを求めよ．この結果を使って熱容量を求めよ．

考え方

古典力学に従う調和振動子の集まりを，温度 T，振動子の数 N が指定された正準集団の考えに基づいて取り扱う．振動子は互いに独立であるため，一つの調和振動子の分配関数を求める問題に帰着する．さらに座標，運動量に関する積分はともにガウス積分で表されるために，分配関数を求めることができる．

解答

ワンポイント解説

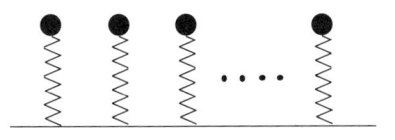

N 個の調和振動子はそれぞれ独立であるので，ハミルトニアンは各々の調和振動子のハミルトニアンの和として

$$\mathcal{H} = \sum_{i=1}^{N} \mathcal{H}_i$$

と表される．ここで，$\mathcal{H}_i$ は i 番目の調和振動子のハミルトニアンである．これを用いると分布関数は

$$Z = \frac{1}{h^N} \int \cdots \int dq_1 \cdots dq_N dp_1 \cdots dp_N e^{-\beta \mathcal{H}}$$
$$= \prod_{i=1}^{N} \left(\frac{1}{h} \int \int dq_i dp_i e^{-\beta \mathcal{H}_i} \right)$$
$$= (Z_1)^N \tag{1.35}$$

と表される．Z_1 は 1 個の調和振動子の分配関数であり，Z を求めることはこれを計算することに帰着する．

ハミルトニアンは座標と運動量についてそれぞれ二次形式なので，Z_1 はそれぞれについてガウス積分で表される．これは次式のように実行することができて

$$Z_1 = \frac{1}{h} \int \int dq dp \exp\left\{-\beta \left(\frac{p^2}{2m} + \frac{1}{2}m\omega^2 q^2\right)\right\}$$
$$= \frac{1}{h}\sqrt{2\pi m k_B T}\sqrt{\frac{2\pi k_B T}{m\omega^2}}$$
$$= \frac{2\pi k_B T}{h\omega} \tag{1.36}$$

となる．したがって，全系の分配関数は

$$Z = \left(\frac{k_B T}{\hbar \omega}\right)^N \tag{1.37}$$

と求められた．

・例題 1 の自由粒子の場合と異なり，個々の振動子は局在していて区別できるのでギブスの因子 $1/N!$ はつかないことに注意．これについては発展問題 2-2 で詳しく述べる．

この分配関数を用いれば，ヘルムホルツの自由エネルギーは

$$F = -k_B T \log Z = -N k_B T \log\left(\frac{k_B T}{\hbar \omega}\right) \tag{1.38}$$

と求められる．ヘルムホルツの自由エネルギーが (T, V, N) の関数として（つまり完全な熱力学関数として）得られたことになり，これを用いて他のすべての熱力学量を求めることができる．

エントロピーは

$$S = -\left(\frac{\partial F}{\partial T}\right)_N = N k_B \left[1 + \log\left(\frac{k_B T}{\hbar \omega}\right)\right] \tag{1.39}$$

・ギブスの因子を考慮しなくても F が示量的となっていることがわかる．

・S と E はそれぞれ
$$E = -\frac{\partial}{\partial \beta} \log Z$$
$$S = \frac{E - F}{T}$$
としても求められる．

となり，これと F から内部エネルギーは

$$E = F + TS = Nk_B T \qquad (1.40)$$

となる．これから熱容量は

$$C = \left(\frac{\partial E}{\partial T}\right)_N = Nk_B \qquad (1.41)$$

となる．一つの調和振動子当たりに運動量と座標の二つの自由度があるので，エネルギーの等分配則に従って，$E = N \times 2 \times \frac{1}{2} k_B T$ となっていることがわかる．この結果，熱容量は調和振動子の数 N のみに依存して，角振動数や温度に依存しないことが示される．発展問題 2-1 で調べるように，3 次元調和振動子の熱容量は $C = 3Nk_B$ となる．これはデュロン・プティの法則とよばれ，固体の高温領域（Pb ではおよそ 100 K 以上，Al ではおよそ 400 K 以上）の熱容量を良く再現する．調和振動子を量子力学的に取り扱った例題 13 の結果と比較すると，本例題の結果はその $T \gg \hbar\omega/k_B$ の高温極限に対応している．

例題 2 の発展問題

2-1. 3 次元方向に振動する調和振動子を古典統計力学により取り扱うことで，熱容量が $C = 3Nk_B$ となることを示せ．これをデュロン・プティの法則とよぶ．

2-2. 本例題で分配関数を計算する際にギブスの因子 $1/N!$ を考慮すると，ヘルムホルツの自由エネルギーが示量的な量とならないことを示せ．例題 1 ではこれが必要で，本例題では不要であるのはなぜか考察せよ．

2-3. 本例題の 1 次元調和振動子の問題を，小正準集団の考えに基づいて取り扱うことでエントロピーを求めよ．これが上の表式と一致することを確かめよ．ここで N 次元球の体積の公式（発展問題 1-2 の式 (1.32)）を用いてよい．小正準集団では $2N$ 重積分を計算しなければいけないのに対して，本例題で示したように正準集団では計算が一重積分に帰着するために大変簡単になることがわかる．

例題 3 量子統計力学の基礎

(i) 多数の粒子からなる系を考え，その量子力学におけるハミルトニアンを $\mathcal{H}$ とする．l 番目の固有値と固有状態をそれぞれ E_l ならびに $|l\rangle$ とし，後者の座標表示を $\Psi_l(\boldsymbol{q})(\equiv \langle \boldsymbol{q}|l\rangle)$ と記す（ここで $\boldsymbol{q}$ はそれぞれの粒子の座標 $(\boldsymbol{q}_1, \boldsymbol{q}_2 \cdots)$ をまとめて書いたものである）．この系に対して任意の統計集団 Ω（小正準集団，正準集団など）を考え，l 番目の固有状態がマクロな状態に寄与をする確率を $p(l)$ とする．ただし $\sum_l p(l) = 1$ である．このとき，ある量子力学的演算子 $\hat{A}$ に対する統計力学的平均値を求めよ．

(ii) 情報論ではある事象 l に対して確率 $p(l)$ が与えられたとき

$$S_{\inf} = -\sum_l p(l) \log p(l) \tag{1.42}$$

は平均情報量あるいは情報論のエントロピーとよばれ，もっている情報の確からしさを表す．これを踏まえて，(i) で考えた量子系の統計力学的なエントロピーを

$$S = -k_\mathrm{B} \sum_l p(l) \log p(l) \tag{1.43}$$

で導入する．このエントロピーはどのようなものの統計力学的平均値と見なせるか考察せよ．

(iii) 統計集団の具体的な例として，温度 T，体積 V，粒子数 N が一定の平衡状態を実現するミクロな状態を集めた正準集団を考える．ここで固有状態 l が実現する確率は《内容のまとめ》の式 (1.19) で示したように

$$p_\mathrm{CA}(l) = \frac{1}{Z} e^{-\beta E_l} \tag{1.44}$$

で与えられる．Z は分配関数で規格化因子の役割を果たしている．このときエントロピーを求めよ．また量子力学的演算子 $e^{i\mathcal{H}t/\hbar}$ の統計力学的平均値を求めよ．ここで t は実数である．

考え方

統計力学では，マクロな平衡状態を実現する多数のミクロな状態の統計集団を考える．平衡状態を指定する変数により対応する統計集団は異なる．ここではある統計集団が与えられたときのエントロピーと物理量の平均値を考

察し，正準集団を取り上げて具体的な計算を行う．量子力学における平均と統計力学における平均の違いに注意してほしい．

‖解答‖

(i) 統計集団 Ω においてハミルトニアンの l 番目の固有状態に対する確率を $p(l)$ としたとき，量子力学における演算子 $\hat{A}$ に対する統計力学的平均値は

$$\langle \hat{A} \rangle_\Omega = \sum_l p(l) \langle \hat{A} \rangle_l \tag{1.45}$$

と表される．ここで統計集団 Ω における平均値を $\langle \cdots \rangle_\Omega$ と記した．$\langle \hat{A} \rangle_l$ はハミルトニアンの l 番目の固有状態に対する $\hat{A}$ の量子力学的平均値であり

$$\langle \hat{A} \rangle_l = \langle l | \hat{A} | l \rangle = \int d\bm{q} \, \Psi_l^*(\bm{q}) \, \hat{A}\left(\bm{q}, i\frac{\partial}{\partial \bm{q}}\right) \Psi_l(\bm{q}) \tag{1.46}$$

である．

(ii) エントロピーが

$$S = -k_B \sum_l p(l) \log p(l) \tag{1.47}$$

で与えられることを用いると，これは $S = -k_B \langle \log p(l) \rangle_\Omega$ とも書けて，$-k_B \log p(l)$ の統計力学的平均値と解釈できる．

(iii) 正準集団の場合は $p(l)$ の具体的な表式を用いて

$$S = -k_B \sum_l \left(\frac{1}{Z} e^{-\beta E_l}\right) \log \left(\frac{1}{Z} e^{-\beta E_l}\right)$$

$$= \frac{k_B}{Z} \sum_l e^{-\beta E_l} (\log Z + \beta E_l) \tag{1.48}$$

となる．分配関数の定義 $Z = \sum_l e^{-\beta E_l}$ と統計力学的平均値の定義から

$$S = k_B \log Z + T^{-1} \langle E \rangle_\Omega \tag{1.49}$$

となる．これは $F = -k_B T \log Z$ とすることで熱力

ワンポイント解説

・N 粒子系では，それぞれの粒子の座標を $(\bm{q}_1, \bm{q}_2, \cdots \bm{q}_N)$ として，$\Psi_l(\bm{q})$ は $\Psi_l(\bm{q}_1, \bm{q}_2, \cdots \bm{q}_N)$ を，$A(\bm{q}, i\partial_q)$ は $A(\bm{q}_1, \bm{q}_2, \cdots \bm{q}_N, i\partial_{q_1}, i\partial_{q_2} \cdots i\partial_{q_N})$ を表す．ここで $\partial_q \equiv \frac{\partial}{\partial \bm{q}}$ と記した．

学の関係式 $F = E - TS$ と等価であることが示される.

演算子 $e^{i\mathcal{H}t/\hbar}$ の平均値は

$$\begin{aligned}\langle e^{i\mathcal{H}t/\hbar}\rangle_\Omega &= \sum_l p(l)\langle e^{i\mathcal{H}t/\hbar}\rangle_l \\ &= \sum_l p(l)\langle l|\sum_{n=0}^\infty \frac{(i\mathcal{H}t/\hbar)^n}{n!}|l\rangle \\ &= \sum_l p(l)\sum_{n=0}^\infty \frac{(iE_l t/\hbar)^n}{n!} = \frac{1}{Z}\sum_l e^{iE_l t/\hbar - \beta E_l}\end{aligned} \tag{1.50}$$

となる.

・むしろ熱力学で知られた関係式 $F = E - TS$ と整合性が取れるように, $F = -k_\mathrm{B} T \log Z$ と F と Z の関係を定めたといえる.

例題 3 の発展問題

3-1. エネルギー E, 体積 V, 粒子数 N を定めた状態を実現するミクロな状態の集団である小正準集団を考える. ハミルトニアンの l 番目の固有状態を実現する確率 $p_\mathrm{MCA}(l)$ (式 (1.17)) から, 式 (1.43) を用いてエントロピーを求めよ.

3-2. 温度 T, 体積 V, 化学ポテンシャル μ を定めた平衡状態を実現するミクロな状態の集団である大正準集団を考える. 粒子数が N の系を記述するハミルトニアンを $\mathcal{H}_N$ とし, このハミルトニアンの l 番目の固有値と固有状態を, それぞれ $E_{N,l}$ と $|N,l\rangle$ とする. この状態に対する確率 $p_\mathrm{GCA}(N,l)$ は式 (1.20) で与えられる. これを用いてエントロピーを求めよ.

3-3. 正準集団において, 量子力学的演算子 $\hat{A}$ に対する統計力学的平均値は

$$\langle \hat{A}\rangle_\Omega = \frac{1}{Z}\mathrm{Tr}\left(\hat{A}e^{-\beta\mathcal{H}}\right) \tag{1.51}$$

と書けることを示せ. ここで $\mathrm{Tr}(\hat{O})$ は量子力学的演算子 $\hat{O}$ を行列と見なしたときの対角和を表し, $\mathrm{Tr}(\hat{O}) = \sum_l \langle l|\hat{O}|l\rangle$ もしくは座標表示を用いて

$$\mathrm{Tr}(\hat{O}) = \sum_l \int d\boldsymbol{q}\,\psi_l^*(\boldsymbol{q})\,\hat{O}\left(\boldsymbol{q}, i\frac{\partial}{\partial \boldsymbol{q}}\right)\psi_l(\boldsymbol{q}) \tag{1.52}$$

である.

例題 4　理想気体（半古典的取り扱い）

一辺の長さ L の立方体の箱の中に閉じ込められた質量 m の N 個の同種粒子からなる理想気体の性質を，量子力学に基づいて考える．ただし各粒子は独立に運動するものとする．まず一粒子に対するシュレディンガー方程式を解き，エネルギー固有値を求めよ．この結果を用いて系の分配関数を求めよ．エネルギー固有値の間隔が $k_\mathrm{B}T$ に比べ十分小さい場合には，分配関数が例題 1 で求めた結果を再現することを示せ．

考え方

量子力学に従う自由粒子の系について，温度 T，体積 V，粒子数 N の定められた正準集団の考えに基づいて分配関数を求める．まずシュレディンガー方程式を解いてエネルギー固有値と固有関数を求める．各々の粒子の運動は量子力学に従うが，粒子の間の統計性は考慮していないので，半古典的取り扱い的と言えよう．このためにギブスの因子が必要であることに注意．《内容のまとめ》で述べた**固有状態を識別するラベルでミクロな状態を指定する**を理解してほしい．

‖解答‖

解くべきシュレディンガー方程式は

$$\left(-\frac{\hbar^2}{2m}\nabla^2 + V(\boldsymbol{x})\right)\Psi(\boldsymbol{x}) = \varepsilon\Psi(\boldsymbol{x}) \tag{1.53}$$

であり，ポテンシャルは箱の内部 $(0<x<L, 0<y<L, 0<z<L)$ で $V(\boldsymbol{x})=0$，それ以外で $V(\boldsymbol{x})=\infty$ であり，箱の体積を $V=L^3$ とする．変数分離法を用いて波動関数を $\Psi(\boldsymbol{x}) = X(x)Y(y)Z(z)$ と置いて式 (1.53) に代入し，両辺を $\Psi(\boldsymbol{x})$ で割ると

$$-\frac{\hbar^2}{2m}\left(\frac{1}{X}\frac{d^2X}{dx^2} + \frac{1}{Y}\frac{d^2Y}{dy^2} + \frac{1}{Z}\frac{d^2Z}{dz^2}\right) = \varepsilon \tag{1.54}$$

が得られる．左辺の各項はそれぞれ x のみの関数，y のみの関数，z のみの関数であるので，それぞれは定数でなくてはならない．それぞれを $\varepsilon_x, \varepsilon_y, \varepsilon_z$ と置くと，方程式は

ワンポイント解説

・実際は箱の内部だけを考えて，壁で波動関数がゼロとなる境界条件のもとで解けばよい．

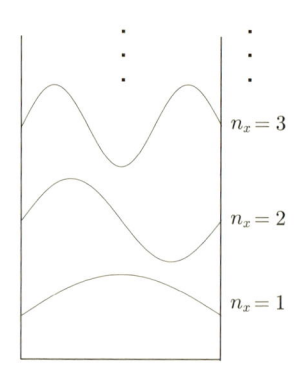

$$-\frac{\hbar^2}{2m}\frac{d^2 X}{dx^2} = \varepsilon_x X \tag{1.55}$$

などと分離される．ただし $\varepsilon = \varepsilon_x + \varepsilon_y + \varepsilon_z$ の関係がある．上の方程式を境界条件 $X(0) = X(L) = 0$ のもとで解くと

$$X(x) = A_x \sin\left(\frac{n_x \pi x}{L}\right) \tag{1.56}$$

ならびに

$$\varepsilon_x = \frac{\hbar^2}{2m}\left(\frac{\pi}{L}\right)^2 n_x^2 \tag{1.57}$$

が得られる．ここで A_x は規格化の定数，n_x は正の整数である．波動関数の模式図を上に示す．したがって，固有関数とエネルギー固有値はそれぞれ

$$\Psi(\boldsymbol{x}) = A \sin\left(\frac{n_x \pi x}{L}\right)\sin\left(\frac{n_y \pi y}{L}\right)\sin\left(\frac{n_z \pi z}{L}\right) \tag{1.58}$$

ならびに

$$\varepsilon = \frac{\hbar^2}{2m}\left(\frac{\pi}{L}\right)^2 (n_x^2 + n_y^2 + n_z^2) \tag{1.59}$$

と求まる．ここで $A = A_x A_y A_z$ とした．

エネルギー固有値が求められたので分配関数を求めよう．1個の粒子の量子状態は3つの量子数により指定できるので，i 番目の粒子のそれを $\boldsymbol{n}_i = (n_{ix}, n_{iy}, n_{iz})$ と書き，対応するエネルギー固有値を ε_i と書くことにする．

・n_x が負の整数の場合は，符号の異なる正の整数 $m_x = -n_x$ の場合と符号が異なるだけで，独立な解を与えない．また，$n_x = 0$ の場合は固有関数がいたるところでゼロとなり意味のある解を与えない．

・ここで言う統計性とは，各粒子が互いに識別できるか，また同じ量子状態を粒子が何個同時に占有できるかという性質を指す．ここでは粒子は古典的な粒子のように互いに識別でき，同じ量子状態の占有数に制限はないものと考えている．このような意味で，本例題は半古典的な取り扱いである．

各粒子は独立であるから，全系の量子状態は $3N$ 個の量子状態 $(\boldsymbol{n}_1, \boldsymbol{n}_2 \cdots, \boldsymbol{n}_N)$ により指定できて，エネルギーは $E = \sum_{i=1}^{N} \varepsilon_i$ となる．

これらの表記を用いると全系の分配関数は

$$Z = \frac{1}{N!} \sum_{\boldsymbol{n}_1} \sum_{\boldsymbol{n}_2} \cdots \sum_{\boldsymbol{n}_N} e^{-\beta E}$$
$$= \frac{1}{N!} \sum_{\boldsymbol{n}_1} \sum_{\boldsymbol{n}_2} \cdots \sum_{\boldsymbol{n}_N} e^{-\beta \sum_{i=1}^{N} \varepsilon_i} \quad (1.60)$$

となる．すべての粒子は同等だから，これは結局

$$Z = \frac{1}{N!} \left(\sum_{\boldsymbol{n}_i} e^{-\beta \varepsilon_i} \right)^N \quad (1.61)$$

となり，上式かっこ内の1個の粒子に対する分配関数 Z_1 を求めることに帰着する．これを具体的に書き表すと

$$Z_1 = \sum_{n_x=1}^{\infty} \sum_{n_y=1}^{\infty} \sum_{n_z=1}^{\infty} \exp \left[\frac{-\hbar^2 \beta}{2m} \left(\frac{\pi}{L} \right)^2 (n_x^2 + n_y^2 + n_z^2) \right] \quad (1.62)$$

で与えられる．(n_x, n_y, n_z) も独立に和を取れるので

$$z_1 = \sum_{n=1}^{\infty} \exp \left[\frac{-\hbar^2 \beta}{2m} \left(\frac{\pi}{L} \right)^2 n^2 \right] \quad (1.63)$$

で定義される z_1 を導入すると，結局 $Z_1 = z_1^3$ となる．

ここで ε の間隔が $k_B T$ に比べて十分小さい場合を考える．このとき n に関する和を積分に置き換えることができ，さらにこれはガウス積分を用いて

$$z_1 = \int_0^{\infty} dx \exp \left[-\frac{\hbar^2 \beta}{2m} \left(\frac{\pi}{L} \right)^2 x^2 \right]$$
$$= \left(\frac{m}{2\pi \hbar^2 \beta} \right)^{\frac{1}{2}} L \quad (1.64)$$

となる．N 個の原子に対する分配関数は

・粒子の統計性は古典粒子と同様に取り扱っているので，ギブスの因子 $1/N!$ が必要．

・発展問題 4-1 参照．

・式 (1.53) のシュレディンガー方程式を周期境界条件のもとで解いて分配関数を求めることで，本例題の結果と比較せよ．

$$Z = \frac{1}{N!}(z_1)^{3N}$$
$$= \frac{1}{N!}\left(\frac{m}{2\pi\hbar^2\beta}\right)^{\frac{3}{2}N} V^N \quad (1.65)$$

となり，例題 1 の式 (1.27) の古典理想気体の分配関数を再現する．

例題 4 の発展問題

4-1. 本例題の式 (1.63) において ε の間隔が $k_\mathrm{B}T$ に比べて十分小さい場合は，n に関する和を積分に置き換えられることを示せ．

4-2. 本例題を小正準集団の考えに基づいて解く．本例題で求めたエネルギー固有値から，エネルギーが 0 から E までの間の状態数 $W(E)$ を求めよ．これからエントロピーを求めて例題 1 の式 (1.29) の結果と比較せよ．

4-3. 本例題において内部エネルギー $\langle E \rangle$ とそのゆらぎ $\Delta E = \sqrt{\langle E^2 \rangle - \langle E \rangle^2}$ を求めよ．その比 $\Delta E / \langle E \rangle$ が $N \to \infty$ でどのような振る舞いをするか調べよ．

例題5　2準位系

温度 T の熱浴と接している N 個の独立な局在した粒子の系を考える．各々の粒子は 0 および $\Delta(>0)$ の二つのエネルギーを取る．この系の分配関数を求めよ．この結果を用いてヘルムホルツの自由エネルギー，エントロピー，内部エネルギー，熱容量を求めよ．また熱容量の概形を $k_B T/\Delta$ の関数として図示せよ．

考え方

いわゆる 2 準位系とよばれる問題である．各々の粒子について，すでにエネルギー固有値がわかっているので，分配関数を容易に求めることができる．それぞれの粒子は局在していて識別可能であるので，ギブスの因子が不必要であることに注意．

解答

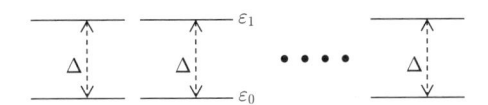

各粒子は独立であるので，全系の分配関数は各粒子の分配関数の N 乗になる．一つの粒子が取り得る量子状態 l と固有エネルギー ε_l は $\varepsilon_{l=0}=0$ ならびに $\varepsilon_{l=1}=\Delta$ であるので，系の分配関数 Z は

$$Z = \left(\sum_{l=0}^{1} e^{-\beta \varepsilon_l}\right)^N = \left(1 + e^{-\beta\Delta}\right)^N \quad (1.66)$$

となる．

この結果を用いて，ヘルムホルツの自由エネルギーは

$$F = -k_B T \log Z = -N k_B T \log(1 + e^{-\beta\Delta}) \quad (1.67)$$

となり，エントロピーは

ワンポイント解説

・粒子は局在しているので，ギブスの因子 $1/N!$ は不要である．

$$S = -\left(\frac{\partial F}{\partial T}\right)_N$$
$$= Nk_B\left[\log(1+e^{-\beta\Delta}) + \beta\Delta\frac{e^{-\beta\Delta}}{1+e^{-\beta\Delta}}\right] \quad (1.68)$$

となる．これらから内部エネルギー E は

$$E = F + TS = \frac{N\Delta}{1+e^{\beta\Delta}} \quad (1.69)$$

と導ける．

最後に熱容量は

$$C = \left(\frac{\partial E}{\partial T}\right)_N$$
$$= Nk_B\left(\frac{\Delta}{2k_B T}\right)^2 \frac{1}{\cosh^2(\Delta/2k_B T)} \quad (1.70)$$

と導くことができる．$C/(Nk_B)$ を $k_B T/\Delta$ の関数として表したものを図に示す．比熱の温度変化は，$T \simeq \Delta/(2k_B)$ 付近でピークをもち絶対零度でゼロとなる．このような温度変化をする比熱はショットキー型比熱とよばれ，離散的なエネルギー準位をもつ物質（たとえば結晶場準位とよばれる準位をもつ希土類化合物など）で実際に観測されている．

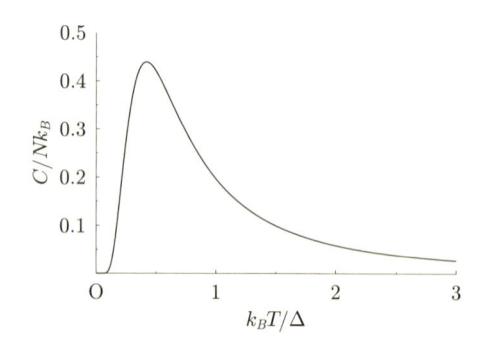

→ ここで求めた内部エネルギーは後述のフェルミ・ディラック分布関数 $f_{\mathrm{FD}}(\varepsilon)$ を用いると

$$E = N\sum_{l=0}^{1} f_{\mathrm{FD}}(\varepsilon_l)\varepsilon_l$$

と表される．ただし化学ポテンシャルを 0 としている．これは本例題の 2 準位を，フェルミ粒子の占有数（0 もしくは 1）と対応させることができることを意味している．

→ 関係式

$$E = -\partial \log Z/(\partial\beta)$$

ならびに

$$S = (E-F)/T$$

をそれぞれ用いて計算してもよい．

例題5の発展問題

5-1. 本例題を小正準集団の考えに基づいて考える．全エネルギーが $E = M\Delta$ ($0 \leq M \leq N$) で与えられるとき，このエネルギーを実現する微視的な状態数 $W(E)$ を求めよ．これからエントロピーとヘルムホルツの自由エネルギーを求め，上記の結果と比較せよ．

5-2. 本例題の式 (1.68) のエントロピー，式 (1.70) の熱容量において，$k_\mathrm{B} T \gg \Delta$ の高温極限ならびに，$k_\mathrm{B} T \ll \Delta$ の低温極限の温度変化の振る舞いを調べよ．それぞれの物理的意味を考察せよ．

5-3. 2準位系と類似の問題として，固体表面における分子の吸着の問題を大正準集団の考えに基づいて考える．固体表面には分子が吸着できる部位（吸着点とよぶ）が M 個あるとし，これに吸着した分子のエネルギーを $-\varepsilon$ ($\varepsilon > 0$)，吸着していない分子のエネルギーを 0 とする．M 個の吸着点に $N(\leq M)$ 個の分子が吸着する場合の数とエネルギーを求めよ．これをもとに大正準集団における分配関数を求めよ．これは二項定理を用いて具体的に計算することができる．このときの吸着している分子数の平均値 $\langle N \rangle$ を求め，M 個の吸着点のうちどのくらいの割合で吸着されているかを調べよ．

例題6 自由なスピン系

温度一定のもとで磁場中における独立した N 個のスピン系を考える．各スピンにおいて磁気モーメントの磁場方向の成分は $\pm m$ の二つの値を取るものとする．この系の分配関数とヘルムホルツの自由エネルギーを求めよ．また磁化と磁化率（帯磁率）を求め，磁化率が温度に反比例することを示せ．

考え方

磁場中の相互作用の無い大きさ $1/2$ のスピン系の問題である．本質的に例題5の2準位系の問題と等価である．各々のスピンについてエネルギー固有値がわかっているので分配関数を容易に求めることができる．第5章「相互作用のある系の統計力学」におけるイジング模型を理解するうえで基礎となる．

解答

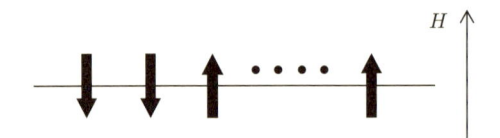

固体の磁性を担う一つの要因は電子のスピンであり，その角運動量を $\hbar s$ とすると，磁気モーメントは g 因子とよばれる定数 $g(=2.0023\cdots)$ とボーア磁子 $\mu_B=(e\hbar/2m_e)$ を用いて $\boldsymbol{\mu}=-g\mu_B\boldsymbol{s}$ と表される．電子のスピンは大きさ $1/2$ であるので，その主軸（z軸）成分を s_z とすると，これは $1/2$ と $-1/2$ の2通りを取る．したがって，磁気モーメントの z 成分は $\mu_z=\pm g\mu_B/2$ の2通りとなる．ここでは $m=g\mu_B/2$ を導入して $\mu_z=\pm m$ とする．

i 番目の磁気モーメントを $\boldsymbol{\mu}_i$ と表すと，この系のハミルトニアンは

$$\mathcal{H}=-\sum_{i=1}^{N}\boldsymbol{H}\cdot\boldsymbol{\mu}_i \tag{1.71}$$

ワンポイント解説

・通常の磁性体では，磁化 M が示量変数（正確には示量変数の密度）で磁場 H が示強変数である．ただし磁場一定のもとで磁化を増大させるときに系がする仕事は負であるので，種々の熱力学関数において，気体や液体における体積 V，圧力 p とは

$V\leftrightarrow M,$
$p\leftrightarrow -H$

の対応関係にある．

となる．いま磁場 $\boldsymbol{H}$ の z 成分を H とし，磁気モーメントがこれと同じ向き ($l=1$) と反対向き ($l=2$) で，それぞれ $m_{l=1}=+m$ と $m_{l=2}=-m$ とする．一つの磁気モーメントのエネルギーは $E_l=-m_l H$ である．

各スピンは独立であるから i 番目の磁気モーメントの分配関数 Z_i を考えればよく，これは

$$Z_i = \sum_{l=1}^{2} e^{-\beta E_l} = e^{\beta mH} + e^{-\beta mH}$$
$$= 2\cosh(\beta mH) \qquad (1.72)$$

となる．これを用いると全系の分配関数は

$$Z = (Z_i)^N = 2^N \cosh^N(\beta mH) \qquad (1.73)$$

となり，ヘルムホルツの自由エネルギーは

$$F = -k_{\mathrm{B}} T \log Z$$
$$= -Nk_{\mathrm{B}}T \left[\log 2 + \log\{\cosh(\beta mH)\}\right] \qquad (1.74)$$

となる．この結果は $\Delta = 2mH$ とすることで例題 5 における結果（式 (1.67)）と同じものであることがわかる．これは本例題のスピン上向き，下向きが例題 5 の二つのエネルギー準位に対応するためである．

このような磁気モーメントの集まりによる磁化は

$$M = n\langle \mu_z \rangle = n\frac{1}{Z_i} \sum_{l=1}^{2} e^{-\beta E_l} m_l$$
$$= nm\tanh(\beta mH) \qquad (1.75)$$

と与えられる．ここで n は単位体積当たりの磁気モーメントの数である．この結果から磁化率は

$$\chi = \left.\frac{\partial M}{\partial H}\right|_{H=0} = n\frac{m^2}{k_{\mathrm{B}}T} \qquad (1.76)$$

となる．T^{-1} に比例する磁化率の振る舞いをキュリーの法則とよぶ．磁化率は磁場に対する**磁化の発生のしやす**

を表す物理量であり，ここで導いたキュリーの法則は絶対零度近傍でスピンが配列しかかっていることを意味している．これは熱ゆらぎによるスピンの乱雑な配列が絶対零度近傍で抑えられるからである．

式 (1.75) において $mH \ll k_B T$ の高温極限では，$\tanh(\beta mH) \simeq \beta mH$ と近似できるので，磁化は

$$M \simeq n\frac{m^2 H}{k_B T} \tag{1.77}$$

となる．一方，$mH \gg k_B T$ の低温極限では，$\tanh(\beta mH) \simeq 1$ となることを用いると

$$M \simeq nm \tag{1.78}$$

となる．これは N 個の磁気モーメントがすべてが $+m$ の状態にあることを意味している．M の温度変化を下図に示す．

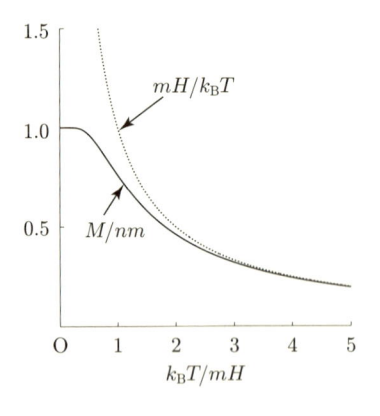

・実験では χ を T^{-1} の関数としてプロットすることで，その傾きから磁気モーメントの大きさがわかる．

例題 6 の発展問題

6-1. 本例題を小正準集団の考えに基づいて考える．N 個の磁気モーメントのうち L 個 $(0 \leq L \leq N)$ が上向きであるとき，系全体の磁気モーメントは $(2L-N)m$，エネルギーは $E = -(2L-N)mH$ となる．この状態を実現するミクロな状態数 $W(E)$ を求めよ．これからエントロピーと磁化率を求めて，本例題の結果と比較せよ．

6-2. 本例題の自由な磁気モーメントの問題を異なる観点から考えよう．N 個の磁気モーメントのうち，上向きの個数が $N/2+I$ 個，下向きの個数が $N/2-I$ 個であるときその状態数を $W(I)$ と表す．これは N 個から $N/2+I$ 個を選ぶ二項分布である．二項分布は N が十分大きいときに正規分布となることが知られている（中心極限定理）．$W(I)$ が

$$W(I) = 2^N \sqrt{\frac{2}{\pi N}} \exp\left(-\frac{2I^2}{N}\right) \tag{1.79}$$

となることを示せ．小正準集団の考えに基づいて磁化を求め，本例題の結果と比較せよ．

6-3. 本例題では各々の磁気モーメントの z 成分（磁場と平行成分）が二つの値を取るものとした．ここではその拡張として磁気モーメントの z 成分が $\mu_z = g\mu_B m$ で表され，$m = -J, (-J+1), \cdots (J-1), J$ の $2J+1$ 個の値を取るものとする．ここで J は整数もしくは半整数である．このときの磁化ならびに磁化率を求めよ．この問題で現れる関数

$$B_J(x) = \frac{2J+1}{2J} \coth \frac{2J+1}{2J} x - \frac{1}{2J} \coth \frac{1}{2J} x \tag{1.80}$$

はブリルアン関数とよばれる．

重要度
★★★★★

2 フェルミ粒子とボーズ粒子

―――《 内容のまとめ 》―――

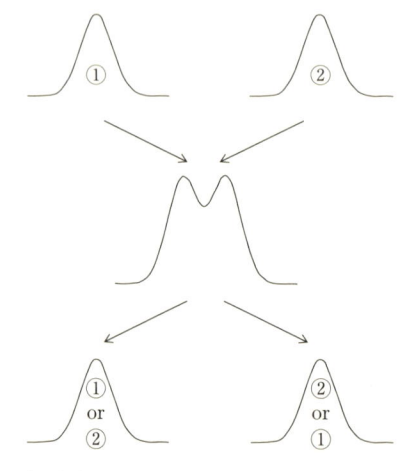

　古典統計力学と量子統計力学の最も大きな違いの一つは，取り扱う粒子の統計性である．古典力学では同種粒子はそれぞれ区別ができ（番号をつけることができ），その運動を逐次追跡することができる．一方，量子力学では同種粒子を互いに区別することができない．このことについて，少し詳しく考えよう．量子力学では粒子はシュレディンガーの波動方程式を満たす波動関数で記述され，多数の平面波を重ね合わせた波束が古典力学の粒子と対応する．左右それぞれの端から運動してきた二つの波束の衝突が粒子の衝突と対応し，両者が十分離れているときは互いを識別することができる．古典粒子の場合は，衝突後にどちらの粒子が右側でどちらの粒子が左側に運動しているのかについて明確に言及することができる．一方，波束の衝突の場合は，衝突の際に二つの波束の重ね合わせが生

じ，衝突後にどちらが右側でどちらが左側に運動したか（つまり衝突により跳ね返されたか通り抜けたか）を言及することができない（前ページの図参照）．

同種粒子の識別が不可能であることは，古典統計力学で行ってきた各々の粒子に着目してその座標や運動量で状態を指定するという記述の仕方が，自然に即していないことを意味している．この困難を解決するには発想を逆転して，粒子から準位に目を向ければよい．つまり，ある準位を占有する粒子数は何個かという記述により，状態を指定すればよい．これを粒子数表示とよぶ．一つの粒子に関するシュレディンガー方程式を解くことで，l 番目の固有値 ε_l と固有状態 ψ_l が定まったとしよう．N 個の互いに独立な粒子系を考えたとき，この系の状態は一組の数の集まり

$$(n_1, n_2, n_3, \cdots, n_l, \cdots) \tag{2.1}$$

で指定できる．ここで n_l は l 番目の固有状態を占有する粒子数（一粒子状態が固有状態 l である粒子数）であり，条件 $\sum_l n_l = N$ が満たされている．粒子間に相互作用がある場合でもこの記述の方法を使うことができ，式 (2.1) で記される任意の粒子数の状態の重ね合わせとなる．

量子統計力学で取り扱う粒子には，同じ量子準位に同時に最大 1 個まで粒子の占有が許されるフェルミ粒子と，何個でも占有可能なボーズ粒子の 2 種類が存在することが波動関数の対称性から導かれる．つまりフェルミ粒子では $n_l = 0$ もしくは 1 であるが，ボーズ粒子では n_l はゼロならびに任意の正の整数を取り得る．これを下図に模式的に表した．このような粒子の統計性はそれぞれフェルミ・ディラック統計，ボーズ・アインシュタイン統計とよばれ，その著しい違いはフェルミ縮退やボーズ・アインシュタイン凝縮などの特徴に反映し，低温で種々の興味深い現象を発現する．これに対して，古典統計力学で取り扱った粒子が示す統計はマクスウェル・ボルツマン統計とよぶ．そこでは同種粒子でも，そ

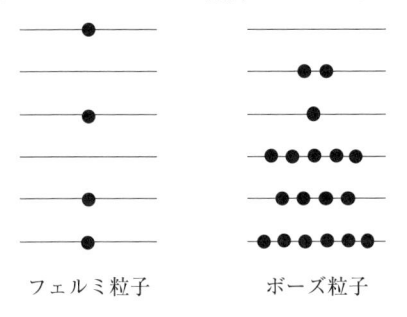

れぞれの粒子に名前をつけて区別することができる．また N 個の古典的な同種粒子の数え方に対して，$1/N!$ の補正を施したものを修正されたマクスウェル・ボルツマン統計とよぶ．

先に述べたように，量子統計力学では l 番目の量子状態を占有する粒子数 n_l が重要な役割をするが，この期待値 $\langle n_l \rangle$ は**一粒子分布関数**または**分布関数**とよばれる．準位が密に詰まっている場合は一粒子準位のエネルギー ε_l は連続変数 ε と見なすことができる．フェルミ粒子とボース粒子における一粒子分布関数はそれぞれ

$$f_{\rm FD}(\varepsilon) = \frac{1}{e^{\beta(\varepsilon-\mu)}+1} \tag{2.2}$$

$$f_{\rm BE}(\varepsilon) = \frac{1}{e^{\beta(\varepsilon-\mu)}-1} \tag{2.3}$$

で与えられ，それぞれフェルミ・ディラック分布関数，ボース・アインシュタイン分布関数とよばれる．ここで $\beta = (k_{\rm B}T)^{-1}$，$\mu$ は化学ポテンシャルであり，特に断らない限り以降はエネルギー準位の最小値をゼロ ($\varepsilon \geq 0$) とする．これに対して古典統計力学で取り扱う粒子に対する一粒子分布関数はマクスウェル・ボルツマン分布関数とよばれ

$$f_{\rm MB}(\varepsilon) = e^{-\beta(\varepsilon-\mu)} \tag{2.4}$$

で与えられる．これらの分布関数の導出や関係については例題 8 から例題 11 で考察する．

例題 7　フェルミ・ディラック統計，ボーズ・アインシュタイン統計

一つの量子準位に最大1個の粒子しか占有できない粒子をフェルミ粒子とよぶ．また，一つの量子準位に占有できる粒子数に制限のない粒子をボーズ粒子とよぶ．いま1個の粒子が取り得る量子状態として $i=(1,2,3)$ の3個の状態を考え，これを2個の粒子が占める場合を考える．フェルミ粒子の場合，ならびにボーズ粒子の場合それぞれについて，その場合の数を求めよ．またマクスウェル・ボルツマン統計に従う古典粒子について，場合の数を求めよ．

考え方

フェルミ粒子，ボーズ粒子ならびに古典力学に従う粒子の違いを，具体例をもとに理解する．同じ種類のフェルミ粒子同士，あるいはボーズ粒子同士は識別不可能であるので，一つの粒子に関するエネルギー準位（一粒子準位とよぶ）を占有する粒子数で状態が分類される．一方，古典力学に従う粒子はそれぞれ識別可能で，個々の粒子に番号（名前）をつけることができる．

解答

状態 $i(=1\sim 3)$ を占有する粒子数を n_i として，これを (n_1, n_2, n_3) と左から並べて表すことにする．フェルミ粒子は一つの量子準位に占有できる粒子数は1か0なので，2個のフェルミ粒子が可能な占有状態は上図のように $(1,1,0)$, $(0,1,1)$, $(1,0,1)$ の3通りである．これは3つの状態から，1個の粒子が占有している二つの状態を選び出す場合の数であるから ${}_3C_2=3$ に等しい．

ワンポイント解説

・このような状態の指定の仕方は粒子数表示とよばれ，場の量子論で基本的な概念となる．

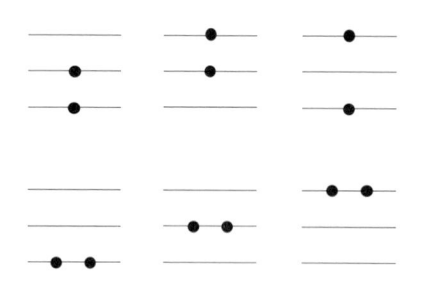

他方，ボーズ粒子は一つの量子準位に占有できる粒子数について制限が無いので，2個のボーズ粒子が可能な占有状態は上図のように $(1,1,0), (0,1,1), (1,0,1)$ の3通りに加えて $(2,0,0), (0,2,0), (0,0,2)$ が追加され，合計6通りとなる．これは次のように考えることもできる．$i = 1 \sim 3$ の状態を左から並べた箱とし，粒子をボールと見なす．これを左から一列に並べて，たとえば $(1,1,0)$ を $\circ | \circ |$ などと表す．ここで $\circ$ は粒子を，$|$ は箱の仕切りを表す．これらの並べ方は $_4C_2 = 6$ となり，これは上の具体的な勘定と等しい．

・いわゆる重複組み合わせで，異なる3個の箱から重複を許して2個のボールが入っている箱を選び出す場合の数は

$$_3H_2 = {}_{3+2-1}C_2 = 6$$

となる．

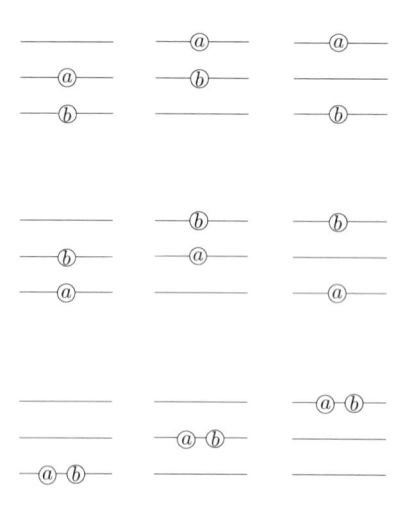

マクスウェル・ボルツマン統計に従う古典粒子では，2個の粒子が識別可能でそれぞれが独立に準位を占有することができる．2個の粒子に a, b と名前をつけて a 粒子と b

粒子がどの準位を占有するかをそれぞれ i_a, i_b とし，一つの状態を (i_a, i_b) と記す．可能な占有状態は $(1,1), (1,2), (1,3), (2,1), (2,2), (2,3), (3,1), (3,2), (3,3)$ となり全部で9通りである（前ページの図参照）．これは各々の粒子の占有状態が3通りで，独立な粒子が2個あるので $3^2 = 9$ に等しい．なお，マクスウェル・ボルツマン統計に基づく場合の数を同種粒子の数の階乗 $N!$ で割ったものを，修正マクスウェル・ボルツマン統計とよぶ．

例題7の発展問題

7-1. $i = (1, 2, 3)$ の3個の量子状態を，3個のフェルミ粒子，ボーズ粒子ならびにマクスウェル・ボルツマン統計に従う古典粒子が占有する場合について，それぞれ可能な占有状態と場合の数を求めよ．

7-2. 一般に M 個の量子状態を $N(\leq M)$ 個のフェルミ粒子，ボーズ粒子ならびにマクスウェル・ボルツマン統計に従う古典粒子が占有する場合について，それぞれ可能な占有状態に関する場合の数を求めよ．

7-3. 発展問題 7-2 において，M 個の量子状態がすべて縮退していないときの基底状態の場合の数（縮退数）を求めよ．

例題 8　フェルミ・ディラック分布関数

ほとんど独立なフェルミ粒子系を考え，大正準集団における分配関数を求めよ．またエネルギー ε の準位を占有する粒子数の熱平均値（フェルミ・ディラック分布関数）$f_{\mathrm{FD}}(\varepsilon)$ を求め，これを ε の関数として図示せよ．

考え方

フェルミ粒子の分布関数を大正準集団の考えに基づいて導く．まず大正準集団の分配関数を求め，これからエネルギー ε の準位を占める粒子数の平均値を求める．大正準集団における異なる粒子数状態の集団を考えることが，分布関数を求める際にどのような役割をしているかを意識する．

‖解答‖

一粒子が取り得る量子状態を正の整数 i で識別し，そのエネルギーを ε_i，この状態の占有数を n_i（$=0$ もしくは 1）とする．定義により大正準集団の分配関数は

$$Z_G = \sum_{N=0}^{\infty} \sum_{\{n_i\}_N} e^{-\beta(E-\mu N)} \tag{2.5}$$

と表される．N は全粒子数 $N = \sum_i n_i$，E は全エネルギー $E = \sum_i \varepsilon_i n_i$ である．ここで 2 番目の和の記号 $\sum_{\{n_i\}_N}$ は，N を固定したときの可能な n_i の組に関する和を意味する．上式を書き換えると

$$\begin{aligned} Z_G &= \sum_{N=0}^{\infty} \sum_{\{n_i\}_N} e^{-\beta \sum_i (\varepsilon_i - \mu) n_i} \\ &= \sum_{N=0}^{\infty} \sum_{\{n_i\}_N} \prod_i e^{-\beta(\varepsilon_i - \mu) n_i} \end{aligned} \tag{2.6}$$

となる．

ここで，和の記号 $\sum_{N=0}^{\infty} \sum_{\{n_i\}_N}$ の意味を詳しく考えよう．上述のように，2 番目の和の記号はある固定した N のもとで可能な n_i の組に関する和を意味し，これをすべての N について和を取ることになる．この和の中には，

ワンポイント解説

・例として $N=2$ で i の上限が 3 の場合を考える．このとき，可能な n_i の組に関する和は $(n_1, n_2, n_3) = (1,1,0), (1,0,1), (0,1,1)$ の 3 通りとなる．

$(n_1, n_2, n_3 \cdots) = (0, 0, 0 \cdots)$ というすべての状態の占有数がゼロの場合から，$(1,1,1,\cdots)$ というすべての状態の占有数が1の場合までのすべての占有状態がそれぞれ一度だけ現れる．これは N が一定という条件を外して，$i=1$ の状態について n_1 が0ならびに1の場合，$i=2$ の状態について n_2 が0ならびに1の場合…というように，それぞれの i で独立に n_i に関する和を実行するのと等価である．したがって

$$Z_G = \left(\sum_{n_1=0}^{1}\sum_{n_2=0}^{1}\cdots\right)\prod_i e^{-\beta(\varepsilon_i-\mu)n_i}$$

$$= \prod_i \sum_{n_i=0}^{1} e^{-\beta(\varepsilon_i-\mu)n_i}$$

$$= \prod_i \left(1 + e^{-\beta(\varepsilon_i-\mu)}\right) \tag{2.7}$$

となり，大正準集団の分配関数が求められた．

j 番目の準位における粒子数の熱平均値は大正準集団における平均値の定義より

$$f_{\mathrm{FD}}(\varepsilon_j) = \langle n(\varepsilon_j)\rangle$$
$$= \frac{\sum_{N=0}^{\infty}\sum_{\{n_i\}_N} e^{-\beta\sum_i(\varepsilon_i-\mu)n_i} n_j}{Z_G} \tag{2.8}$$

で与えられる．右辺の分子は前と同じ議論により二つの和を書き換えることができるが，ここでは n_j があるために $\prod_i \sum_{n_i=0}^{1}$ の部分は $i=j$ の場合と $i\neq j$ の場合とで分けて考えなければならない．したがって，

$$(\text{分子}) = \left(\prod_{i\neq j}\sum_{n_i=0}^{1} e^{-\beta(\varepsilon_i-\mu)n_i}\right)\sum_{n_j=0}^{1} e^{-\beta(\varepsilon_j-\mu)n_j} n_j$$

$$= \left\{\prod_{i\neq j}\left(1+e^{-\beta(\varepsilon_i-\mu)}\right)\right\} e^{-\beta(\varepsilon_j-\mu)} \tag{2.9}$$

となる．ここで $i\neq j$ の部分は分母の Z_G に現れる同じ因

・例として i の上限が4の場合を考えて，この書き換えが正しいことを確かめよ（発展問題8-1）．

・大正準集団の分配関数では μ を指定することで N についてはゼロから無限大まで和を取っており，これが計算を簡単にしていることがわかる．N が一定のもとで状態の和を取ることが困難であることは，例題10で小正準集団の考えに基づいて一粒子分布関数を導くことでわかる．

子と打ち消しあう．したがって，$i=j$ の部分のみを考えればよく

$$f_{\mathrm{FD}}(\varepsilon_j) = \frac{e^{-\beta(\varepsilon_j-\mu)}}{1+e^{-\beta(\varepsilon_j-\mu)}}$$
$$= \frac{1}{e^{\beta(\varepsilon_j-\mu)}+1} \tag{2.10}$$

となる．最終的に ε_j を連続変数として考えた

$$f_{\mathrm{FD}}(\varepsilon) = \frac{1}{e^{\beta(\varepsilon-\mu)}+1} \tag{2.11}$$

はフェルミ・ディラック分布関数とよばれる．

フェルミ・ディラック分布関数を図に示す．絶対零度では $f_{\mathrm{FD}}(\varepsilon<\mu)=1$, $f_{\mathrm{FD}}(\varepsilon>\mu)=0$, $f_{\mathrm{FD}}(\varepsilon=\mu)=1/2$ であり，$\varepsilon=\mu$ において不連続となる．有限温度では $\varepsilon=\mu$ 付近で絶対零度における値とずれが生じ，傾きが緩やかとなる．さらに $\varepsilon-\mu=0$ では必ず $1/2$ の値を取ることに注意しよう．図では $\varepsilon-\mu$ の関数として分布関数の温度変化を描いているが，化学ポテンシャル μ 自身が温度変化することに注意したい．これについては発展問題 11-2 と例題 20 で取り扱う．

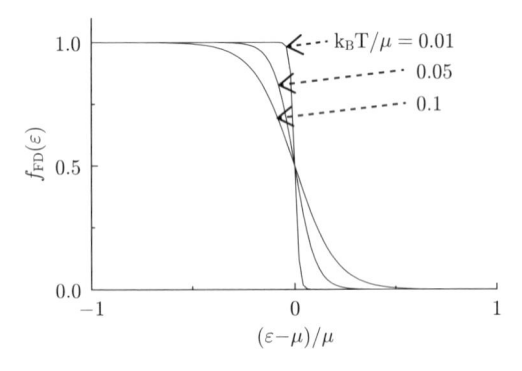

例題 8 の発展問題

8-1. 本例題の式 (2.6) と (2.7) で用いた等式

$$\sum_{N=0}^{\infty}\sum_{\{n_i\}_N}\prod_i e^{-\beta(\varepsilon_i-\mu)n_i} = \prod_i \sum_{n_i=0}^{1} e^{-\beta(\varepsilon_i-\mu)n_i}$$

について考える．1 個の粒子が取り得る量子状態の上限が 4 の場合に，この等式を確かめよ．

8-2. 自由なフェルミ粒子において，j 番目の準位を占有する粒子数のゆらぎの 2 乗 $\langle n(\varepsilon_j)^2\rangle - \langle n(\varepsilon_j)\rangle^2$ を求めよ．

8-3. フェルミ粒子は同じ量子準位に同時に最大 1 個まで粒子の占有が許され，ボーズ粒子は何個でも占有可能である．いま，同じ量子準位に同時に最大 2 個まで占有が許される仮想的な粒子を考えよう．このような粒子の統計性はパラ統計とよばれる．この粒子の一粒子分布関数を求めよ．

例題 9 ボーズ・アインシュタイン分布関数

ほとんど独立なボーズ粒子系を考え，大正準集団における分配関数を求めよ．またエネルギー ε の準位を占有する粒子数の熱平均値（ボーズ・アインシュタイン分布関数）$f_{\mathrm{BE}}(\varepsilon)$ を求め，これを ε の関数として図示せよ．

考え方

前問で説明したフェルミ粒子の分布関数を大正準集団の考えに基づいて導く方法を，ボーズ粒子の場合に適用する．両者を比較することで共通点と相違点に注意する．

‖解答‖

前問のフェルミ・ディラック分布関数と同様に考えることができる．定義により大正準集団の分配関数は

$$Z_G = \sum_{N=0}^{\infty} \sum_{\{n_i\}_N} e^{-\beta(E-\mu N)}$$

$$= \sum_{N=0}^{\infty} \sum_{\{n_i\}_N} \prod_i e^{-\beta(\varepsilon_i - \mu)n_i} \quad (2.12)$$

と表される．2番目の和の記号 $\sum_{\{n_i\}_N}$ は，やはり N を固定したときの可能な n_i の組に関する和を表し，今度は n_i は 0 から ∞ まで取り得る．

例題 8 と同様に和の記号 $\sum_{N=0}^{\infty} \sum_{\{n_i\}_N}$ の意味を詳しく考えよう．この和の中には，$(n_1, n_2, n_3 \cdots) = (0, 0, 0 \cdots)$ というすべての状態の占有数がゼロの場合から，$(\infty, \infty, \cdots)$ というすべての状態の占有数が ∞ の場合までのすべての占有状態がそれぞれ一度だけ現れる．やはり N が一定という条件を外して，それぞれの i で独立に n_i に関する和を実行するのと等価である．したがって

$$Z_G = \left(\sum_{n_1=0}^{\infty} \sum_{n_2=0}^{\infty} \cdots \right) \prod_i e^{-\beta(\varepsilon_i - \mu)n_i}$$

ワンポイント解説

・例として $N = 2$ で i の上限が 3 の場合を考える．このとき，可能な n_i の組に関する和は
$(n_1, n_2, n_3) =$
$(1,1,0), (1,0,1),$
$(0,1,1), (2,0,0),$
$(0,2,0), (0,0,2)$
の 6 通りとなる．

・例として i の上限が 4 の場合を考えて，この書き換えが正しいことを確かめよ（発展問題 9-1）．

$$= \prod_i \sum_{n_i=0}^{\infty} e^{-\beta(\varepsilon_i-\mu)n_i}$$
$$= \prod_i \frac{1}{1-e^{-\beta(\varepsilon_i-\mu)}} \qquad (2.13)$$

・$\sum_{n=0}^{\infty} x^n = \frac{1}{1-x}$
を用いた．

となり，大正準集団の分配関数が求められた．

j 番目の準位における粒子数の熱平均値は定義により

$$f_{\mathrm{BE}}(\varepsilon_j) = \frac{\sum_{N=0}^{\infty} \sum_{\{n_i\}_N} e^{-\beta\sum_i(\varepsilon_i-\mu)n_i} n_j}{Z_G} \qquad (2.14)$$

と表される．分子は例題 8 と同様にして $i = j$ の場合と $i \neq j$ の場合とで分けて考えることで

$$(\text{分子}) = \prod_{i\neq j}\left(\sum_{n_i=0}^{\infty} e^{-\beta(\varepsilon_i-\mu)n_i}\right) \sum_{n_j=0}^{\infty} e^{-\beta(\varepsilon_j-\mu)n_j} n_j$$
$$= \left[\prod_{i\neq j} \frac{1}{1-e^{-\beta(\varepsilon_i-\mu)}}\right] \frac{e^{-\beta(\varepsilon_j-\mu)}}{\left(1-e^{-\beta(\varepsilon_j-\mu)}\right)^2} \qquad (2.15)$$

・$\displaystyle\sum_{n=0}^{\infty} x^n n = \frac{x}{(1-x)^2}$

を用いた．これは

$$g(x) \equiv \sum_{n=0}^{\infty} x^n$$
$$= \frac{1}{1-x}$$

として $x\frac{dg(x)}{dx}$ からも求められる．

となる．

$i \neq j$ の部分は分母の Z_G に現れる同じ因子と打ち消すので，$i = j$ の部分のみを考慮すればよく

$$f_{\mathrm{BE}}(\varepsilon_j) = \frac{e^{-\beta(\varepsilon_j-\mu)}}{1-e^{-\beta(\varepsilon_j-\mu)}}$$
$$= \frac{1}{e^{\beta(\varepsilon_j-\mu)}-1} \qquad (2.16)$$

となる．ε_j を連続変数とした次の関数

$$f_{\mathrm{BE}}(\varepsilon) = \frac{1}{e^{\beta(\varepsilon-\mu)}-1} \qquad (2.17)$$

はボーズ・アインシュタイン分布関数とよばれる．

その概観を次のページの図に示す．絶対零度では $\varepsilon > \mu$ で $f_{\mathrm{BE}}(\varepsilon) = 0$，$\varepsilon = \mu$ で $f_{\mathrm{BE}}(\varepsilon)$ は無限大となる．有限温度では ε の減少とともに連続的に $f_{\mathrm{BE}}(\varepsilon)$ が増大し，$\varepsilon = \mu$ で発散する．図では $\varepsilon - \mu$ の関数として分布関数の温度変化を描いているが，化学ポテンシャル μ 自身が温度変化することに注意したい．これについては発展問題 9-3 と

11-2 で取り扱う．

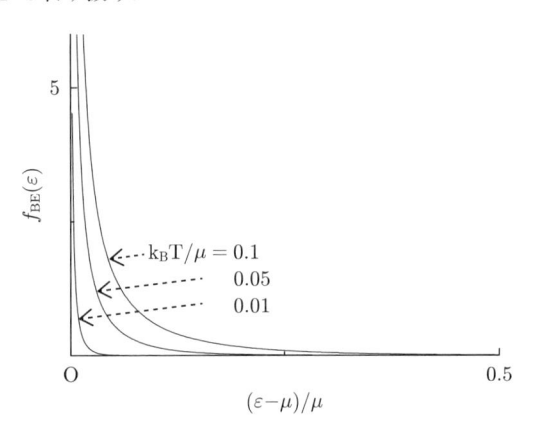

$f_{BE}(\varepsilon)$ のグラフ：$k_BT/\mu = 0.1, 0.05, 0.01$ に対する $(\varepsilon-\mu)/\mu$ の関数

例題 9 の発展問題

9-1. 本例題の式 (2.12) と (2.13) で用いた等式

$$\sum_{N=0}^{\infty}\sum_{\{n_i\}_N}\prod_{i}e^{-\beta(\varepsilon_i-\mu)n_i} = \prod_{i}\sum_{n_i=0}^{\infty}e^{-\beta(\varepsilon_i-\mu)n_i} \tag{2.18}$$

について考える．1 個の粒子が取り得る量子状態を正の整数 i で区別し i の上限が 4 の場合に，この等式を確かめよ．

9-2. 式 (2.17) のボース・アインシュタイン分布関数の表式を用いて，ボース粒子系の化学ポテンシャル μ の満たすべき条件として

$$\mu \leq \min(\varepsilon) \tag{2.19}$$

が得られることを示せ．ここで $\min(\varepsilon)$ は ε の最小値である．

9-3. ボース粒子系の化学ポテンシャルの温度変化について考察する．全粒子数の平均値 $\langle N \rangle$ が固定されている場合は，化学ポテンシャル μ が $\langle N \rangle =$ 一定となるように温度とともに変化する．温度の減少とともに，μ はどのように変化するか．その定性的な振る舞いについて考察せよ．

例題 10　フェルミ・ディラック分布関数（最大項の方法）

フェルミ・ディラック分布関数を，以下の手順により小正準集団の考えに基づいて導出する．

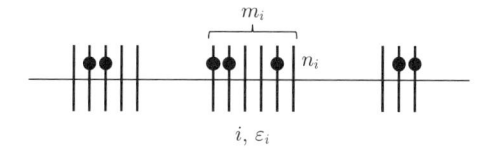

(i) 全粒子数 N と全エネルギー E が定まったフェルミ粒子系を考える．一つの粒子が取る量子準位をそのエネルギーのほぼ等しいグループに分け，i 番目のグループの代表的なエネルギーを ε_i，含まれる量子準位の数を m_i，粒子の数を n_i とする．ただし $m_i, n_i \gg 1$ とする．これを粗視化とよぶ．それぞれのグループに粒子を分配する仕方を n_i に関する組 $(n_1, n_2, n_3 \cdots) \equiv \{n_i\}$ で識別する．$\{n_i\}$ が与えられたとき，取り得る場合の数 $W(\{n_i\})$ を求めよ．

(ii) 取り得るすべての場合の数 W は，$W(\{n_i\})$ を N と E が一定のもとですべての可能な $\{n_i\}$ について足し合わせたものである．これを厳密に評価することは一般に困難である．ここでは $W(\{n_i\})$ が $\{n_i\} = \{n_i\}^*$ で鋭い極大をもつものとして，W を $W(\{n_i\}^*)$ で置き換える．N ならびに E が一定のもとで，$W\{n_i\}$ が最大となる $\{n_i\}^*$ を求めよ．このときの i 番目のグループの各準位を占有する粒子数の平均値は n_i/m_i であり，これを計算することで分布関数を求めよ．

考え方

例題 8 で大正準集団の考えに基づいて求めたフェルミ・ディラック分布関数を，小正準集団の考えに基づいて導く．前者は温度 T，体積 V，化学ポテンシャル μ が指定された状態の集団であり，後者はエネルギー E，体積 V，粒子数 N が指定された状態の集団である．エネルギー E と粒子数 N が一定という条件が，計算を大変困難にしていることに注意．この方法は最大項の方法とよばれる．

‖解答‖

(i) i 番目のグループについて考える．ここでは m_i 個の

‖ワンポイント解説‖

準位に $n_i (\leq m_i)$ 個の粒子が占有している．占有の仕方についての場合の数は，m_i 個の準位から占有されている n_i 個の準位を定める場合の数であるから

$$\frac{m_i!}{n_i!(m_i-n_i)!} \tag{2.20}$$

となる．これをすべてのグループについて掛け合わせればよいので

$$W(\{n_i\}) = \prod_i \frac{m_i!}{n_i!(m_i-n_i)!} \tag{2.21}$$

となる．

(ii) (i) の結果からすべての場合の数は

$$W = \sum_{\{n_i\}_{N,E}} W(\{n_i\}) \tag{2.22}$$

と表される．ここで和の記号 $\sum_{\{n_i\}_{N,E}}$ は $N = \sum_i n_i$ ならびに $E = \sum_i n_i \varepsilon_i$ がともに一定の条件のもとで $\{n_i\}$ の和を取ることを意味する．この和を実行することは事実上不可能である．ここでは $W(\{n_i\})$ を $\{n_i\}$ の関数と見なしたとき，$\{n_i\} = \{n_i\}^*$ で鋭い極大を取るものと仮定して W を $W(\{n_i\}^*)$ で置き換えることにする（この妥当性については発展問題 10-3 でその一例を紹介する）．これは**最大項の方法**とよばれる．

条件付きの極値問題であるからラグランジュの未定係数法を使うことができる．$W(\{n_i\})$ の代わりに次の関数

$$\begin{aligned}I(\{n_i\}) = \log W(\{n_i\}) &+ \alpha\left(N - \sum_i n_i\right) \\ &+ \beta\left(E - \sum_i n_i \varepsilon_i\right)\end{aligned} \tag{2.23}$$

を導入し，この極値問題を考える．右辺第 1 項はス

・N と E が一定であることが場合の数を勘定するにあたり困難の原因となっていることを，具体的に考えよ．

スターリングの公式を使うと

$$\log W(\{n_i\}) = \sum_i \Big\{ m_i \log m_i - n_i \log n_i$$
$$- (m_i - n_i) \log(m_i - n_i) \Big\} \quad (2.24)$$

となる．これを用いて極値の条件は

$$\frac{dI(\{n_i\})}{dn_i} = -\log n_i + \log(m_i - n_i) - \alpha - \beta \varepsilon_i = 0 \quad (2.25)$$

となる．これを n_i について解くと

$$\frac{n_i}{m_i} = \frac{1}{1 + e^{\alpha + \beta \varepsilon_i}} \quad (2.26)$$

が得られる．左辺は m_i 個の準位の中で粒子の占める割合を意味しており，これが分布関数に相当する．ラグランジュの未定係数 α と β は

$$N = \sum_i m_i \frac{1}{1 + e^{\alpha + \beta \varepsilon_i}} \quad (2.27)$$

$$E = \sum_i m_i \varepsilon_i \frac{1}{1 + e^{\alpha + \beta \varepsilon_i}} \quad (2.28)$$

の条件から決める（発展問題 10-2）．

例題10の発展問題

10-1. ボーズ粒子の分布関数を最大項の方法により求めよ．

10-2. 本例題におけるラグランジュの未定係数 (α, β) を以下の手順で決定せよ．まず状態数からエントロピーを導け．これを E ならびに N で微分することで α と β の表式を導け．

10-3. 最大項の方法の妥当性を以下の例で考える．箱の中に閉じ込められた N 個の自由な粒子を考える．個々の粒子のミクロな状態に着目する代わりに，ある時刻に箱の右半分にいる粒子の数 $M(\leq N)$ に着目する（粗視化）．粒子が右半分にいるか左半分にいるかは確率的に決まるとして，それぞれを $1/2$ とする．このとき箱の右半分にいる粒子の数が M である確率を求めて，これを M の関数としてプロットせよ．N の増大とともに $M = N/2$ である確率がどのようになるか調べよ．

例題 11 マクスウェル・ボルツマン分布関数との関係

多数のフェルミ粒子ならびにボーズ粒子からなる系において，すべての量子準位の占有数が 1 に比べ，はるかに小さい場合を古典領域とよぶ．この条件では，すべての量子準位 l におけるエネルギー ε_l に対して $\varepsilon_l - \mu \gg k_\mathrm{B} T$ が成り立つことを示せ．またフェルミ・ディラック分布関数およびボーズ・アインシュタイン分布関数はともに

$$f(\varepsilon_l) = \exp\left(-\frac{\varepsilon_l - \mu}{k_\mathrm{B} T}\right) \tag{2.29}$$

となり，マクスウェル・ボルツマン分布関数に帰着することを示せ．

考え方

例題 8 ならびに例題 9 で導出したフェルミ・ディラック分布関数，ボーズ・アインシュタイン分布関数と，古典粒子系が従うマクスウェル・ボルツマン分布関数との関係を調べる．古典統計力学は量子統計力学の極限と捉えることができる．

解答

すべての準位を占有する粒子数が 1 よりはるかに小さくなるためには分布関数

$$f(\varepsilon_l) = \frac{1}{e^{(\varepsilon_l - \mu)/k_\mathrm{B} T} \pm 1} \tag{2.30}$$

において，すべての準位 l に対するエネルギー ε_l について $e^{(\varepsilon_l - \mu)/k_\mathrm{B} T} \gg 1$ が成り立てばよい（ここで + はフェルミ・ディラック分布関数，− はボーズ・アインシュタイン分布関数である）．このとき分母の ± 1 は無視できるので，

$$f(\varepsilon_l) \simeq e^{-(\varepsilon_l - \mu)/k_\mathrm{B} T} \tag{2.31}$$

と近似できる．また $e^{(\varepsilon_l - \mu)/k_\mathrm{B} T} \gg 1$ の条件は $\varepsilon_l - \mu \gg k_\mathrm{B} T$ であることを意味する．

さて，一般に高温極限で量子力学が古典力学に帰着することが知られているが，上記の条件はそれに相当してい

ワンポイント解説

→ 古典力学は量子力学の高温極限であると考えて，（化学ポテンシャルの温度変化を無視して）単純に $(\varepsilon - \mu) \ll k_\mathrm{B} T$ としてはいけないことに注意．

るのか．これに答えるためには化学ポテンシャル μ の温度依存性を調べなければならず，具体的な計算は発展問題 11-2 に譲る．結論を述べると，高温極限での化学ポテンシャルは $\mu \propto -k_\mathrm{B} T \log(k_\mathrm{B} T)$ となることが示され，これは $\varepsilon_l - \mu \gg k_\mathrm{B} T$ の条件を満たしていることがわかる．

別な見方をすると，本例題の結果は粒子数密度が小さい場合（粒子が希薄な場合）に古典統計力学による記述が良くなることを意味している．そのおおよその目安は平均粒子間距離 $\bar{r} \equiv (V/N)^{1/3}$ が発展問題 1-3 で導入した熱的ド・ブロイ波長 λ_T より大きいことである．これよりも高密度もしくは低温では λ_T は $\bar{r}$ より大きくなることで粒子の波動性が顕著となり，粒子の間の統計性を正しく取り扱わないといけなくなる．

例題 11 の発展問題

11-1. フェルミ・ディラック分布関数ならびにボーズ・アインシュタイン分布関数をエネルギー ε の関数としてをグラフにすることで，$e^{(\varepsilon-\mu)/k_\mathrm{B}T} \gg 1$ の条件でこれがマクスウェル・ボルツマン分布関数に近づくことを確かめよ．

11-2. 本例題の結果から，高温極限ではフェルミ粒子系，ボーズ粒子系ともに $N = \sum_l e^{-\beta(\varepsilon_l - \mu)} = e^{\beta\mu} \sum_l e^{-\beta\varepsilon_l}$ となることを導いた．例題 4 を参考にしてこの右辺を計算し，高温極限における化学ポテンシャルの表式を求めよ．

11-3. 例題 1 の結果を用いて理想気体の化学ポテンシャルの温度変化を古典統計力学に基づいて求めよ．得られた結果を発展問題 11-2 の結果と比較せよ．

例題 12 ゾンマーフェルト展開

フェルミ・ディラック分布関数

$$f_{\rm FD}(\varepsilon) = \frac{1}{e^{\beta(\varepsilon-\mu)}+1} \tag{2.32}$$

を含む以下の積分

$$I = \int_0^\infty d\varepsilon\, g(\varepsilon) f_{\rm FD}(\varepsilon) \tag{2.33}$$

を考える．ここで $g(\varepsilon)$ は，$\varepsilon = \mu$ で連続かつ何回でも微分可能な関数とする．$k_{\rm B}T \ll \mu$ の条件が成り立つとき，上記の積分は

$$I = \int_0^\mu d\varepsilon\, g(\varepsilon) + \frac{\pi^2}{6} g'(\mu)(k_{\rm B}T)^2 + \mathcal{O}(T^4) \tag{2.34}$$

と展開できることを示せ．これはゾンマーフェルト展開とよばれる．

考え方

フェルミ・ディラック分布関数はエネルギー ε の準位における粒子の占有数を表しており，全粒子数や全エネルギーなどを計算する際に，上記の式 (2.33) の形の積分にしばしば遭遇する．これが $k_{\rm B}T \ll \mu$ の条件で式 (2.34) のように近似的に計算できることを後ほど利用する．やや技巧的な問題であるが，$-f_{\rm FD}'(\varepsilon)$ が $\varepsilon = \mu$ の近傍で鋭いピーク構造を取ることが本質であり，このためにこの系の低温の性質は化学ポテンシャル近傍の準位のみが寄与をすることを意味している．

解答

関数

$$G(\varepsilon) = \int_0^\varepsilon g(x) dx \tag{2.35}$$

を定義する．まず I を部分積分すると

$$I = G(\varepsilon) f_{\rm FD}(\varepsilon) \Big|_0^\infty - \int_0^\infty G(\varepsilon) \frac{\partial f_{\rm FD}}{\partial \varepsilon} d\varepsilon \tag{2.36}$$

が得られるが，$G(0) = 0$ と $f_{\rm FD}(\infty) = 0$ の条件を用いると，右辺第1項はゼロとなる．右辺第2項の被積分関数の $f_{\rm FD}(\varepsilon)$ に関する部分は

ワンポイント解説

[図: $k_BT/\mu = 0.01, 0.05, 0.1$ における $-f_{\rm FD}(\varepsilon)/\beta$ のピーク]

$$-\frac{\partial f_{\rm FD}}{\partial \varepsilon} = \beta f_{\rm FD}(\varepsilon)\{1 - f_{\rm FD}(\varepsilon)\} \tag{2.37}$$

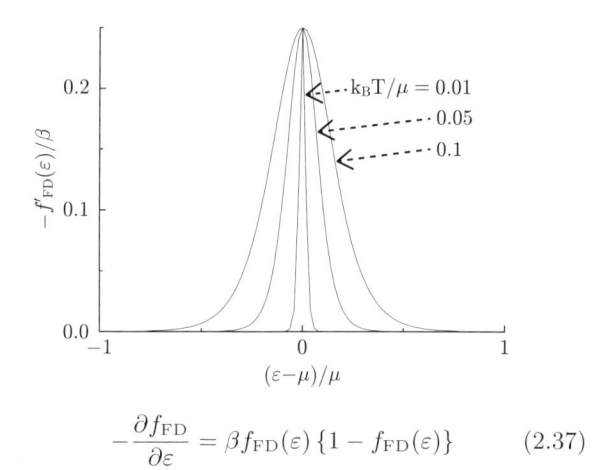

となるが，これは $k_BT \ll \mu$ のときに $\varepsilon = \mu$ において鋭いピークをもつ（図参照）．

このことから右辺第 2 項の積分では $\varepsilon \sim \mu$ 近傍のみが寄与する．そこで $G(\varepsilon)$ を $\varepsilon = \mu$ のまわりでテイラー展開すると

$$G(\varepsilon) = G(\mu) + \sum_{n=1}^{\infty} \frac{1}{n!} G^{(n)}(\mu)(\varepsilon - \mu)^n \tag{2.38}$$

が得られる．ここで

$$G^{(n)}(\mu) = \left.\frac{d^n G(\varepsilon)}{d\varepsilon^n}\right|_{\varepsilon=\mu} \tag{2.39}$$

である．G の定義から $dG(\varepsilon)/d\varepsilon = g(\varepsilon)$ であるから上式は

$$G(\varepsilon) = G(\mu) + \sum_{n=1}^{\infty} \frac{1}{n!} g^{(n-1)}(\mu)(\varepsilon - \mu)^n \tag{2.40}$$

と書ける．

これを積分に代入すると

・$f_{\rm FD}(\varepsilon)$ の関数形からも想像できる．（発展問題 12-1 参照）．

$$I = -G(\mu)\int_0^\infty f'_{\rm FD}(\varepsilon)d\varepsilon$$
$$-\sum_{n=1}^\infty \frac{g^{(n-1)}(\mu)}{n!}\int_0^\infty f'_{\rm FD}(\varepsilon)(\varepsilon-\mu)^n d\varepsilon \quad (2.41)$$

となるが，右辺第 1 項は $f_{\rm FD}(\infty) - f_{\rm FD}(0) = -1$ を用いると $G(\mu)$ である．右辺第 2 項では積分変数を $\varepsilon \to x \equiv \beta(\varepsilon-\mu)$ に変換すると，$k_{\rm B}T \ll \mu$ のときには積分範囲を $(-\infty,\infty)$ に取ることができる．これから

$$(n=1 \text{ の項}) = \frac{g(\mu)}{\beta}\int_{-\infty}^\infty dx\, x\frac{e^x}{(e^x+1)^2} \quad (2.42)$$

・ここで
$$f_{\rm FD}(0) = 1$$
を用いた．

となるが，被積分関数は x に関して奇関数であるから積分はゼロである．同様にして

$$(n=2 \text{ の項}) = \frac{1}{2\beta^2}g'(\mu)\int_{-\infty}^\infty dx\, x^2\frac{e^x}{(e^x+1)^2}$$
$$= \frac{\pi^2}{6\beta^2}g'(\mu) \quad (2.43)$$

・ここで定積分
$$\int_{-\infty}^\infty \frac{x^2}{(1+e^x)(1+e^{-x})}dx$$
$$= \frac{\pi^2}{3}$$
を用いた（発展問題 12-3 参照）．

が得られる．

これらの結果を合わせると，最終的に

$$I = \int_0^\mu g(\varepsilon)d\varepsilon + \frac{\pi^2}{6}(k_{\rm B}T)^2 g'(\mu) + \mathcal{O}(T^4) \quad (2.44)$$

が得られる．

例題 12 の発展問題

12-1. 本例題の図で示したように，様々な温度で $-f'_{\text{FD}}(\varepsilon)$ を ε の関数としてグラフに表すことで，これが $\varepsilon = \mu$ の近傍で鋭いピーク構造を取ることを確かめよ．

12-2. $k_\text{B}T \ll \mu$ の条件では，本例題の式 (2.41) の積分範囲の下限を $-\infty$ とすることができる．この積分

$$\int_{-\infty}^{\infty} f'_{\text{FD}}(\varepsilon)(\varepsilon - \mu)^n d\varepsilon$$

において，n が奇数の場合はゼロとなることを示せ．

12-3.

$$\int_0^{\infty} \frac{z^{x-1}}{e^z + 1} dz = (1 - 2^{1-x}) \Gamma(x) \zeta(x)$$

（ただし $x > 0$）を示すことで

$$\int_{-\infty}^{\infty} \frac{x^2}{(1+e^x)(1+e^{-x})} dx = \frac{\pi^2}{3}$$

を導け．ここで $\Gamma(x)$ はガンマ関数，$\zeta(x)$ はツェータ関数である．

3 格子振動・電磁場の統計力学

重要度 ★★★★★

―《内容のまとめ》――

　本章で取り扱うのは多数の独立な調和振動子の集まりからなる系の統計力学である．そのハミルトニアンは一般に

$$\mathcal{H} = \sum_{l=1}^{N} \left(\frac{p_l^2}{2m_l} + \frac{1}{2} m_l \omega_l^2 q_l^2 \right) \tag{3.1}$$

で記述される．ここで p_l と q_l はそれぞれ l 番目の調和振動子の座標と運動量であり，調和振動子の角振動数 ω_l と粒子の質量 m_l は，それぞれの調和振動子で異なるものとしている．第 1 項の運動エネルギー項と第 2 項のポテンシャルエネルギー項は，それぞれ座標変数，運動量変数の 2 次関数であり，このために計算が簡単となることが後ほどわかる．調和振動子の系は自由粒子の系と並んで統計力学の基本的な模型であるので，しっかり理解してほしい．

　第 1 章例題 2 では調和振動子の集まりを古典統計力学で取り扱った．古典統計力学では各々の自由度には $\frac{1}{2} k_\mathrm{B} T$ のエネルギーが等しく分配されるというエネルギーの等分配則が成り立っている．3 次元のすべての方向に運動する一つの調和振動子には，それぞれの次元当たり運動エネルギー項（運動量）とポテンシャルエネルギー項（座標）の二つの自由度がある．N 個の調和振動子ではそれぞれの自由度に（その角振動数によらず）等しく $\frac{1}{2} k_\mathrm{B} T$ のエネルギーが分配されるから，内部エネルギーの合計は $E = 2 \times 3 \times N \times \frac{1}{2} k_\mathrm{B} T = 3 N k_\mathrm{B} T$ となる．したがって，熱容量は $C = 3 N k_\mathrm{B}$ であり温度によらない一定値を取る．これはデュロン・プティの法則として様々な固体の高温の熱容量とその温度依存性を良く説明し，この温度領域で古典統計力学が正しいことを裏付けている．

しかしながら，この考えには低温で次のような二つの問題があることがわかる．第一点はエントロピーに関してである．例題 2 で求めたように，古典統計力学では $S = \sum_l k_B[1 + \log\{(k_B T)/(\hbar\omega_l)\}]$ となる．これは温度の降下とともに単調に減少し，$T \sim \hbar\omega/k_B$ より低温で負となる．(エントロピー)$=k_B \log$(状態数) であることを思い出すとこれは常に正であり，熱力学第 3 法則によるとこれは絶対零度でゼロに近づくことになるが，古典統計力学に基づく計算はこれを満たしていない．第二点は固体における比熱の実験事実である．比熱は $T \sim \hbar\omega/k_B$ の温度以下ではデュロン・プティの法則から外れて減少することが見出されている．この実験事実は，このような温度領域からエネルギーの等分配則が成立せず，限られた自由度のみにエネルギーが分配されていることを示唆している．

上記の古典統計力学の不都合は，低温で調和振動子がどのように振る舞うかという疑問を提起することで，20 世紀初頭の量子力学の誕生のきっかけとなった．古典力学ではエネルギー分布は連続であり，温度が上昇するとそれに応じて連続的に運動エネルギーもポテンシャルエネルギーも増大するというのがエネルギーの等分配則の意味するところである．しかしエネルギー分布が不連続であれば，エネルギー量子以下の温度ではこれより高いエネルギー準位にエネルギーは分配されず，等分配は行われなくてよい．エネルギー量子の考えを用いて固体の格子振動の比熱を初めて取り扱ったのはアインシュタインである．彼は格子振動を N 個の独立で等しい角振動数をもった調和振動子の集まりと考えた．これを格子振動におけるアインシュタイン模型とよぶ．この模型では零点振動によるエネルギーを除いた内部エネルギーは

$$E = 3N \frac{\hbar\omega}{e^{\beta\hbar\omega} - 1} \tag{3.2}$$

で与えられる．熱容量は $T \sim \hbar\omega/k_B$ の温度で $3Nk_B$ から外れ，低温で $C \propto e^{-\beta\hbar\omega}$ となることを示した（例題 13）．

アインシュタイン模型は古典統計力学の本質的ないくつかの困難を解決したが，実際の実験では低温の熱容量は T^3 に比例することが示されており，これは説明できない．これを解決するには独立で等しい角振動数をもった調和振動子の集まりの考えを改めて，イオン間の結合を取り入れる必要がある．最も簡単な取り扱いは最近接のイオン間に調和振動子型のポテンシャルを考慮した連結振動の模型である．この模型ではポテンシャルは $\frac{K}{2}(\boldsymbol{x}_i - \boldsymbol{x}_{i+1})^2$（$\boldsymbol{x}_i$ は i 番目の

イオンの変位，K はばね定数) で与えられる．ここで x_i と x_{i+1} の積が現れるため，式 (3.1) のように各自由度が独立とならないのではないかとの懸念が生じるが，これは基準振動モードの考えにより解決する．座標を変数として表した変位 x_i を座標 i に関してフーリエ変換し，波数 k に対する変位 x_k を導入することで，ハミルトニアンは式 (3.1) の添え字 l を波数としたものが得られ，各波数で独立な調和振動子の集まりと同等となる．ただし角振動数は波数 k に依存し，波数が格子定数の逆数より十分小さい領域では $\omega = vk$ となる．v は音速に相当し，$k = |\boldsymbol{k}|$ である．これは音響型格子振動（音響型フォノン）の分散関係とよばれる．

さて，この章のもう一つの話題は電磁波（光）である．電磁気学で習うように電磁波のハミルトニアンも式 (3.1) のように表すことができる．真空中を伝播する電磁波と音響型格子振動の比較を下の表にまとめた．

	電磁波	音響型格子振動
分散関係	$\omega = ck$	$\omega = vk$ （ただし $k \ll 2\pi/a$）
振動の方向	横波 $\times 2$	横波 $\times 2$, 縦波 $\times 1$
波数の上限	なし	$k \leq 2\pi/a$

ここで a はイオン間距離（格子定数）である．ともに角振動数が波数の絶対値に比例した分散関係を有しており（ただし音響型格子振動は波数が格子定数の逆数より十分小さい領域に限る），形式的に類似した取り扱いができることを示唆している．一方で両者の最も大きな相違は，電磁波には波数の上限（波長の下限）が無いことである．一般に，波の取り得る独立な波数や振動方向を基準振動とよぶ．格子振動の媒質はイオン格子であり，最小単位である格子間隔より短い波長の波は存在しないため，単位体積当たりの基準振動の数は有限である．一方，真空中を伝播する光にはエーテルのような媒質が無いために単位体積当たりの基準振動の数は無限大である．もしエネルギーの等分配則が成立しているならば比熱（単位体積当たりの熱容量）は（2 個の横波）×（可能な波数の数）× $k_B =$ 無限大となってしまう．

熱平衡状態にある電磁場の性質は，18 世紀半ばから 19 世紀にかけての産業革命に端を発して様々なことが実験からわかっており，エネルギーの等分配則に基づいた考えと矛盾することが指摘されていた．いくつかの特徴を以下にまとめておこう．

(i) 角振動数が ω と $\omega + d\omega$ の間にある単位体積当たりの内部エネルギーを

$u(\omega)d\omega$ としたとき，$u(\omega)$ を内部エネルギー密度とよぶ．$u(\omega)$ は ω の小さなところで ω とともに増大し，ある $\omega = \omega_{\max}$ で最大値を取り減少する．$\omega_{\max}$ は温度 T とともに増大する．例題 18 の図にその概観を示す．

(ii) 内部エネルギーについて

$$\frac{E}{V} = \int_0^\infty u(\omega)d\omega = \sigma T^4 \tag{3.3}$$

が成立する（シュテファンの法則もしくはシュテファン・ボルツマンの法則）．ここで $\sigma = 7.57 \times 10^{-15}$ erg/(cm^{3}K^4) $= 7.57 \times 10^{-16}$ J/(m^{3}K^4) であり，これはシュテファン・ボルツマン定数とよばれる（単位面積・単位時間に空洞の穴から放射される電磁場のエネルギーは $cE/(4V)$ であることを考慮して 5.67×10^{-8} J/(m^{2}secK^4) をシュテファン・ボルツマン定数とする場合もある）．

例題 18 で確かめるように，エネルギーの等分配則が成り立つと仮定するとエネルギー密度は

$$u(\omega) = \frac{\omega^2}{\pi^2 c^2} k_{\mathrm{B}} T \tag{3.4}$$

となり，これをレイリー・ジーンズの法則とよぶ．これは ω が小さいところの実験結果を説明する．しかし ω が大きい領域での $u(\omega)$ の減少は説明できないし，これを ω に関して積分したものは発散してしまう．この事実は低温になるほど ω が大きい自由度にはエネルギーはあまり分配されないことを意味しており，格子振動の場合と同様にエネルギー量子の存在を示唆している．

このような背景のもとに，プランクは角振動数 ω の電磁波のエネルギーは $\hbar\omega$ の不連続の値を取ると仮定した（プランクの仮説）．アインシュタインは光電効果の実験をもとにさらに考えを進めて，角振動数 ω の電磁波はエネルギー $\hbar\omega$ の量子の集まりであることを指摘した（光量子仮説）．この考えに基づくとエネルギー密度は

$$u(\omega) = \frac{\omega^2}{\pi^2 c^3} \frac{\hbar\omega}{e^{\beta\hbar\omega} - 1} \tag{3.5}$$

となる．これをプランクの公式とよぶ．例題 18 ではこの式の導出と，これが上記二つの実験結果を説明することを示す．

固体内の格子振動や電磁波のエネルギーが連続ではなくエネルギー量子が単位となっていることは，場（格子振動の場，電磁場）を粒子の集まりと捉えられ

る可能性を示唆している．特に内部エネルギー（もしくは内部エネルギー密度）は式 (3.2) や式 (3.5) のように，(エネルギー量子 $=\hbar\omega$) × (化学ポテンシャルがゼロのボーズ・アインシュタイン分布関数) の形で表されており，これらの系が $\hbar\omega$ のエネルギーをもったボーズ粒子系と等価であることが予想される．このような考えはディラックやハイゼンベルグ，パウリによる場の量子論の考えにつながる．

例題 13　アインシュタイン模型

1次元方向に運動できる質量 m，角振動数 ω の独立な N 個の調和振動子を考える．その熱力学的性質を量子統計力学に基づいて取り扱う．この系のハミルトニアンは

$$\mathcal{H} = \sum_{i=1}^{N} \left[-\frac{\hbar^2}{2m} \frac{\partial^2}{\partial q_i^2} + \frac{1}{2} m\omega^2 q_i^2 \right] \tag{3.6}$$

で与えられる．分配関数，ヘルムホルツの自由エネルギー，エントロピーを求めよ．この結果を使って熱容量を求め，その概形を $k_\mathrm{B}T/\hbar\omega$ の関数として図示せよ．ここで得られた熱容量を例題2の結果と比較してその特徴について述べよ．

考え方

調和振動子の問題を量子統計力学により取り扱う．一つの調和振動子のエネルギー固有値，固有関数は容易に求まるので，正準集団における分配関数はこれから計算することができる．特にエネルギーや比熱の低温の振る舞いが古典統計力学による結果とどのように異なるかに注意する．

解答

それぞれの調和振動子は独立なので個別に考えてよい．i 番目の調和振動子に対するシュレディンガー方程式

$$\mathcal{H}_i \psi_{n_i}(q_i) = E_{n_i} \psi_{n_i}(q_i) \tag{3.7}$$

を解くことで，i 番目の調和振動子のハミルトニアンの $n_i(=0,1,2,\cdots)$ 番目の固有波動関数は

$$\psi_{n_i}(q_i) = C_{n_i} H_{n_i}(\alpha q_i) e^{-\frac{1}{2}\alpha^2 q_i^2} \tag{3.8}$$

と求められる．ここで $H_n(x)$ は n 次のエルミート多項式，$\alpha = \sqrt{m\omega/\hbar}$，$C_n$ は規格化定数である．これに対する固有エネルギーは

$$E_{n_i} = \hbar\omega \left(n_i + \frac{1}{2} \right), \quad (n_i = 0, 1, 2, \cdots), \tag{3.9}$$

ワンポイント解説

・n 次のエルミート多項式とは
$$H_n(x) = (-1)^n e^{x^2} \frac{d^n e^{-x^2}}{dx^n}$$
で表される特殊関数で，n の小さい最初の数項は
$H_0(x) = 1,$
$H_1(x) = 2x,$
$H_2(x) = 4x^2 - 2$
などとなる．

となる．したがって，全系の固有状態は N 個の数の組 $(n_1, n_2, \cdots n_i, \cdots n_N)$ で指定できる．

式 (3.9) 右辺のかっこ内の 1/2 に起因するエネルギーは，基底状態においてもエネルギーがゼロとならないことを表し，零点エネルギーとよばれる．以下はこれをエネルギーの基準に取る．これを用いると分配関数は

$$Z = \sum_{n_1=0}^{\infty} \sum_{n_2=0}^{\infty} \cdots \sum_{n_N=0}^{\infty} e^{-\beta(E_{n_1} + E_{n_2} + \cdots E_{n_N})}$$
$$= \prod_{i=1}^{N} \left(\sum_{n_i=0}^{\infty} e^{-\beta E_{n_i}} \right) = (Z_1)^N \qquad (3.10)$$

・もちろん最初から $\mathcal{H} = \sum_{i=1}^{N} \mathcal{H}_i$ を考慮して $Z = (Z_1)^N$ としてもよい．

となり，やはり 1 個の調和振動子の分配関数を評価することに帰着する．これは

$$Z_1 = \sum_{n=0}^{\infty} e^{-\beta n \hbar \omega} = \sum_{n=0}^{\infty} \left(e^{-\beta \hbar \omega} \right)^n = \frac{1}{1 - e^{-\beta \hbar \omega}} \quad (3.11)$$

と計算されるので，全系の分配関数は

$$Z = \frac{1}{(1 - e^{-\beta \hbar \omega})^N} \qquad (3.12)$$

となる．

これを用いてヘルムホルツの自由エネルギーを計算すると

$$F = -k_\mathrm{B} T \log Z = N k_\mathrm{B} T \log \left(1 - e^{-\beta \hbar \omega} \right), \quad (3.13)$$

となり，例題 2 と同様に内部エネルギーとエントロピーはそれぞれ

$$E = \frac{N \hbar \omega}{e^{\beta \hbar \omega} - 1} \qquad (3.14)$$

ならびに

$$S = \frac{N}{T} \left\{ \frac{\hbar \omega}{e^{\beta \hbar \omega} - 1} - \frac{1}{\beta} \log \left(1 - e^{-\beta \hbar \omega} \right) \right\} \qquad (3.15)$$

と導ける．

上記の結果を用いると熱容量は

$$C = \left(\frac{\partial E}{\partial T}\right)_N = Nk_B \left[\frac{\beta\hbar\omega/2}{\sinh(\beta\hbar\omega/2)}\right]^2 \quad (3.16)$$

と求まる．図に C/N の温度依存性を示した．高温で C は Nk_B の温度によらない値に漸近し，例題 2 の古典的な結果を再現する．低温では $Nk_B(\hbar\omega/k_BT)^2 e^{-\hbar\omega/k_BT}$ で指数関数的にゼロに近づき，エネルギーの等分配則が成り立たないことを意味している．グラフから温度がおよそ $T \sim \hbar\omega/k_B$ で，古典的な温度領域から量子的な領域に移り変わることがわかる．

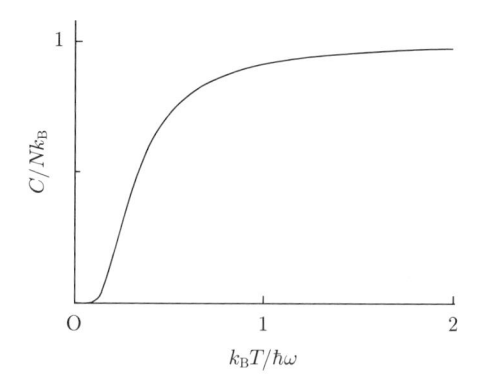

本例題は，固体内の格子振動（とくに光学型格子振動とよばれる基準振動）の簡単な模型となっており，これはアインシュタイン模型とよばれる．しかし，実際の固体の格子振動による比熱は低温で T^3 に比例することが実験から知られており，これについては例題 14 と例題 15 で考察をする．

例題13の発展問題

13-1. 3次元すべての方向に振動する N 個の調和振動子を量子統計力学に基づいて考え，その熱容量を求めよ．

13-2. 調和振動子のシュレディンガー方程式を解いて，固有波動関数（式 (3.8)）と固有値（式 (3.9)）を確かめよ．

13-3. 本例題を小正準集団の考えに基づいて解く．いま全系のエネルギー $E = \sum_i^N E_{n_i}$ が定められているとする．これは本例題の式 (3.8) と (3.9) で導入した量子数 n_i で表現すると，その和 $n = \sum_i^N n_i$ が定められていることに相当する．ここで零点エネルギーを無視すると $E = n\hbar\omega$ である．このときの状態数は，n を定めたうえで N 個の数の組 $(n_1, n_2, \cdots n_N)$ が取り得る場合の数である．これは区別のつかない n 個の球を，識別できる N 個の箱に分配する場合の数である．これを求めることで，エントロピーを計算し，本例題の結果と一致することを確かめよ．

例題 14　弾性波の状態密度

一辺の長さ L の 3 次元等方的な連続体における弾性波を考える．この波は 3 次元波動方程式

$$\nabla^2 u(\boldsymbol{x}, t) = \frac{1}{v^2} \frac{\partial^2 u(\boldsymbol{x}, t)}{\partial t^2} \tag{3.17}$$

に従う．ここで $u(\boldsymbol{x}, t)$ は座標 $\boldsymbol{x}$，時間 t における振幅であり，v は弾性波の速度である．固定端の境界条件のもとでこの方程式を解き，角振動数と波数との関係（分散関係）を求めよ．これをもとに波数ベクトルの大きさが k と $k+dk$ の間にある振動の状態数 $D_k(k)dk$ を求めよ．また角振動数が ω と $\omega + d\omega$ の間にある振動の状態数 $D_\omega(\omega)d\omega$ を求めよ．

考え方

3 次元弾性波の分散関係から振動の状態密度を求め，その物理的意味を理解する．自由電子の状態密度や 1 次元ならびに 2 次元の弾性波の場合との相違に注意．ここで求めた状態密度は，例題 15 で弾性波の統計力学的性質を調べる際に重要な役割を果たす．

‖解答‖

この偏微分方程式は変数分離法により解くことができる．解を $u(\boldsymbol{x}, t) = X(x)Y(y)Z(z)T(t)$ の形に仮定して方程式に代入すると

$$YZT\frac{\partial^2 X}{\partial x^2} + XZT\frac{\partial^2 Y}{\partial y^2} + XYT\frac{\partial^2 Z}{\partial z^2}$$
$$= XYZ\frac{1}{v^2}\frac{\partial^2 T}{\partial t^2} \tag{3.18}$$

が得られ，両辺を $XYZT$ で割ると

$$\frac{1}{X}\frac{\partial^2 X}{\partial x^2} + \frac{1}{Y}\frac{\partial^2 Y}{\partial y^2} + \frac{1}{Z}\frac{\partial^2 Z}{\partial z^2}$$
$$= \frac{1}{v^2 T}\frac{\partial^2 T}{\partial t^2} \tag{3.19}$$

となる．左辺第 1 項から第 3 項は，それぞれ x のみの関数，y のみの関数，z のみの関数であり，右辺は t のみの

ワンポイント解説

関数である．したがって，それぞれは x, y, z, t によらない定数でなくてはならず，ここではそれぞれを C_x, C_y, C_z, C_t と置く．ただしこれらは条件 $C_x + C_y + C_z = C_t$ を満たす．まず t に関する方程式

$$\frac{\partial^2 T}{\partial t^2} = C_t v^2 T \tag{3.20}$$

に着目すると，これは

$$T = A_t e^{i\omega t} + B_t e^{-i\omega t} \tag{3.21}$$

(A_t, B_t は定数) の形の解をもつことがわかり，方程式に代入することで $C_t = -\omega^2/v^2$ が得られる．次に x に関する方程式

$$\frac{\partial^2 X}{\partial t^2} = C_x X \tag{3.22}$$

に着目すると，これは

$$X = A_x e^{ik_x x} + B_x e^{-ik_x x} \tag{3.23}$$

(A_x, B_x は定数) の形の解をもつことがわかる．やはり方程式に代入することで $C_x = -k_x^2$ が得られる．y ならびに z に関する方程式も同様に計算できる．これらの結果を合わせると

$$\omega^2 = v^2 \left(k_x^2 + k_y^2 + k_z^2 \right) \tag{3.24}$$

つまり $\omega = vk$ が得られ，角振動数が波数ベクトルの大きさに比例することが示される．ただし $k = |\boldsymbol{k}|$ である．

x に対して固定端であること ($X(0) = X(L) = 0$) を用いると，条件式 $A_x = -B_x$, $A_x \sin k_x L = 0$ が得られるが，$A_x = B_x = 0$ でない限り

$$k_x = \frac{\pi n_x}{L}, \quad (n_x = 1, 2, 3 \cdots) \tag{3.25}$$

が得られる．ここで n_x は1以上の整数である．y, z についても同じ考察を行うと最終的な解として

$$u(\boldsymbol{x}, t) = \left(A e^{i\omega t} + B e^{-i\omega t} \right) \sin k_x L \sin k_y L \sin k_z L \tag{3.26}$$

> n_x が負の整数の場合 ($n_x = -m$, $m > 0$) は，$n_x = m$ で A_x の符号を変えたものに相当するのでこれとは独立な解ではない．また $n_x = 0$ はいたるところ解がゼロなので意味のある解ではない．

が得られる．ここで定数をまとめて A, B と書いた．また $l = (x, y, z)$ それぞれに対して波数は

$$k_l = \frac{\pi n_l}{L}, \quad (n_l = 1, 2, 3 \cdots) \tag{3.27}$$

を取る．

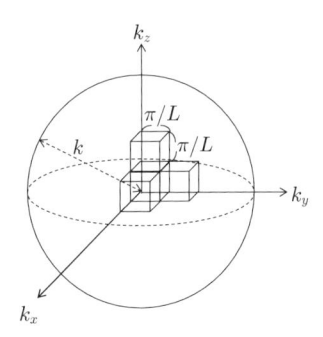

この結果をもとに状態密度 $D_\omega(\omega)$ ならびに $D_k(k)$ を計算する．まず求めるのは，波数の大きさが $0 < k < K$ の範囲にあるときの正の整数の組 (n_x, n_y, n_z) の取り得る個数（= 状態数 $G_k(K)$）である．k_l がいずれも正であることを考えると，条件を満たす $\boldsymbol{k}$ は (k_x, k_y, k_z) で張られる3次元空間の半径 K の球内のうち，$(k_x > 0, k_y > 0, k_z > 0)$ を満たす領域に存在する．状態を表す各々の点は，上図の一辺が π/L の立方体の各頂点に対応する．したがって，求める状態数は，[この球内の体積の $1/8$] を [整数の組 (n_x, n_y, n_z) 一つが占める体積] で割ったものである．前者は $(4\pi K^3/3)/8$，後者は $(\pi/L)^3$ である．したがって，

$$\begin{aligned} G_k(K) &= \frac{(\text{半径 } K \text{ の球の体積})}{(\text{状態1個当たりの体積})} \times \frac{1}{8} \\ &= \frac{4\pi K^3/3}{(\pi/L)^3} \times \frac{1}{8} = \frac{V}{6\pi^2} K^3 \end{aligned} \tag{3.28}$$

である．ここで $V = L^3$ と置いた．状態密度 $D_k(k)$ は K を k で置き換えて，

$$D_k(k) dk = \frac{dG_k(k)}{dk} dk = \frac{V}{2\pi^2} k^2 dk \tag{3.29}$$

により得られる．

この結果をもとに角振動数が ω と $\omega+d\omega$ の間にある状態数を求める．分散関係 $\omega=vk$ から k と ω には1対1の関係があるので，上で求めた $G_k(k)$ は，角振動数が0から $\omega=vk$ の間にある状態数に等しい．$G_k(k)$ の式中の k を ω で書き換えたものを改めて $G_\omega(\omega)$ と書くと，

$$G_\omega(\omega) = \frac{V}{6\pi^2 v^3}\omega^3 \tag{3.30}$$

となる．これから状態密度 $D_\omega(\omega)$ として

$$D_\omega(\omega)d\omega = \frac{dG_\omega(\omega)}{d\omega}d\omega = \frac{V}{2\pi^2 v^3}\omega^2 d\omega \tag{3.31}$$

が得られる．

・式 (3.17) の波動方程式を周期境界条件で解き，式 (3.31) と同じ結果が得られることを確かめよ．

$d\omega = vdk$ を用いて，
$D_k(k)dk = \dfrac{V}{2\pi^2}k^2 dk$
$= \dfrac{V}{2\pi^2 v^3}\omega^2 d\omega$
としてももちろん同じ結果が得られる．

例題14の発展問題

14-1. 一辺 L の1次元ならびに2次元連続体における弾性波を考え，状態密度 $D_\omega(\omega)$ を求めよ．

14-2. 例題13で考察した1次元アインシュタイン模型において，状態密度 $D_\omega(\omega)$ を求めよ．

14-3. 1次元の固体内の原子の振動を記述する模型として，以下のような連結振動の模型を考える．1次元鎖上に配列した N 個の質量 M の原子が，その鎖方向に振動するものとし，i 番目の原子の格子点からのずれ（変位）を x_i とする．このときハミルトニアンは

$$\mathcal{H} = \sum_i \frac{p_i^2}{2M} + \frac{K}{2}\sum_{\langle ij \rangle}(x_i - x_j)^2 \tag{3.32}$$

で与えられる．ここで p_i は i 番目の原子の運動量，K はばね定数であり，$\langle ij \rangle$ は最隣接サイトの対を表す．この系において，変位と運動量に関してフーリエ変換 $x_i = \frac{1}{\sqrt{N}}\sum_k e^{-ikr_i}x_k$, $p_i = \frac{1}{\sqrt{N}}\sum_k e^{-ikr_i}p_k$ を導入することで，ハミルトニアンが波数 k の和で表されることを示せ．ここで r_i は i 番目の原子の平衡位置の座標である．これを用いて角振動数と波数の間の関係（分散関係），ならびに状態密度 $D_\omega(\omega)$ を導け．

例題 15　デバイ模型

N 個の原子からなる 3 次元固体中の格子振動を等方的連続体の弾性波として考え，その熱力学的性質を調べる．ただし，例題 14 で取り扱った模型から次のような二つの変更を行う．

(i) 変位は 3 次元のベクトル $\boldsymbol{u}(\boldsymbol{x},t)$ であり，振動の各波数 $\boldsymbol{k}$ において一つの縦波と二つの横波が存在する．これらは独立な波であり，それぞれの速度を v_l および v_t とする．

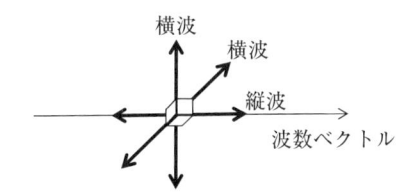

(ii) 原子の個数と振幅の方向を考慮すると，振動の自由度（基準振動の数）は全部で $3N-6 \simeq 3N$ 個である．これは格子間隔より小さな波長の波は存在しないことに起因しており，波数（角振動数）に上限を与える．ここでは角振動数の上限を ω_{D} と記すことにする．

この模型において角振動数が ω から $\omega+d\omega$ の間にある状態数は

$$D_\omega(\omega)d\omega = 9N\frac{\omega^2}{\omega_{\mathrm{D}}^3}\theta(\omega_{\mathrm{D}}-\omega)d\omega \tag{3.33}$$

で与えられることを示せ．ここで $\theta(x)$ は $x>0$ のとき $\theta(x)=1$，$x<0$ のとき $\theta(x)=0$ となる階段関数である．また ω_{D} は

$$\frac{9N}{\omega_{\mathrm{D}}^3} = \frac{V}{2\pi^2}\left(\frac{1}{v_l^3}+\frac{2}{v_t^3}\right) \tag{3.34}$$

で与えられる．これからヘルムホルツの自由エネルギー，内部エネルギーを求めよ．また熱容量を計算し，その温度変化の外観を図示せよ．特に高温および低温での熱容量の温度変化を調べ，デュロン・プティの法則（例題 2）およびアインシュタイン模型の結果（例題 13）と比較せよ．

考え方

例題 14 の結果を用いて，3 次元弾性波の統計力学的性質を正準集団の考えに基づいて調べる．異なる波数，振動方向の振動は，それぞれ独立した調

和振動子と見なせるので（基準振動分解），分配関数はそれぞれの積として表される．得られた内部エネルギーや熱容量の低温での振る舞いと，すべての調和振動子が同じ周波数をもつとしたアインシュタイン模型の結果との相違に注意する．

解答

一つの縦波と二つの横波は独立に例題14で考えた波動方程式を満たすので，縦波，横波の分散関係はそれぞれ $\omega = v_l k$ ならびに $\omega = v_t k$ となる．縦波，横波それぞれについて例題14の式 (3.31) を用いれば，状態密度は

$$D_\omega(\omega) = \frac{V}{2\pi^2}\left(\frac{1}{v_l^3} + \frac{2}{v_t^3}\right)\omega^2 \qquad (3.35)$$

となる．

角振動数の上限 ω_D については自由度の総数から決める．全自由度の数は $3N - 6 \simeq 3N$ なので

$$3N = \int_0^{\omega_D} D_\omega(\omega)d\omega = \frac{V}{2\pi^2}\left(\frac{1}{v_l^3} + \frac{2}{v_t^3}\right)\frac{\omega_D^3}{3} \qquad (3.36)$$

の条件が成り立つ．これを用いて状態密度を書き直すと

$$D_\omega(\omega) = 9N\frac{\omega^2}{\omega_D^3}\theta(\omega_D - \omega) \qquad (3.37)$$

が得られる．

さて，上で求めた状態密度を用いて例題13で考えた格子振動を考え直す．例題13ではすべての格子振動が同じ角振動数 ω をもつと仮定した．ここでは角振動数に分布があり $D_\omega(\omega)$ がそれを表す．$3N$ 個各々の振動は独立であるのでエネルギー固有値は各々のエネルギーの和

$$E = \sum_{i=1}^{3N} E_{n_i} \qquad (3.38)$$

で書けるが

ワンポイント解説

・式 (3.37) と発展問題 14-2 の結果を比較せよ．

$$E_{n_i} = \hbar\omega_i\left(n_i + \frac{1}{2}\right) \quad (n_i = 0, 1, 2, \cdots) \tag{3.39}$$

において ω_i は一定ではない.

分配関数は例題13の式 (3.10) と同様にして

$$Z = \prod_i^{3N} \frac{1}{1 - e^{-\beta\hbar\omega_i}} \tag{3.40}$$

で与えられるから，これを用いてヘルムホルツの自由エネルギーは

$$F = -k_{\rm B}T \sum_{i=1}^{3N} \log \frac{1}{1 - e^{-\beta\hbar\omega_i}} \tag{3.41}$$

となる．i に関する和を角振動数に関する積分に直すと

$$F = k_{\rm B}T \int_0^\infty D_\omega(\omega) \log\left(1 - e^{-\beta\hbar\omega}\right) d\omega \tag{3.42}$$

が得られ，$D_\omega(\omega)$ の具体的な表式を代入して計算すると

$$F = 9Nk_{\rm B}T \left(\frac{k_{\rm B}T}{\hbar\omega_{\rm D}}\right)^3 \int_0^{\hbar\omega_{\rm D}/k_{\rm B}T} dx\, x^2 \log(1 - e^{-x}) \tag{3.43}$$

となる．

内部エネルギーは $E = F + TS$ から求めてもよいし，$E = \partial(F/k_{\rm B}T)/\partial\beta$ を用いて式 (3.42) から直接求めてもよい．ここでは後者を利用することで

$$\begin{aligned} E &= \int_0^\infty D_\omega(\omega) \frac{\partial}{\partial\beta}\left\{\log\left(1 - e^{-\beta\hbar\omega}\right)\right\} d\omega \\ &= \int_0^\infty D_\omega(\omega) \frac{\hbar\omega}{e^{\beta\hbar\omega} - 1} d\omega \end{aligned} \tag{3.44}$$

となる．これは内部エネルギーが $(\hbar\omega)\times$(化学ポテンシャルがゼロのボーズ・アインシュタイン分布関数) の形に表されており，この系がエネルギー $\hbar\omega$ のボーズ粒子系と等価であることを示唆している．

式 (3.40) の分配関数は化学ポテンシャルがゼロのボーズ・アインシュタイン統計に従う粒子のものと同じであり，これは格子振動が量子力学的にはこの統計に従う粒子の集まりと同等であることを意味する．この（準）粒子をフォノンとよぶ．

$$\sum_{i=1}^{3N} \to \int_0^\infty D_\omega(\omega) d\omega$$

式 (3.44) の右辺に $D_\omega(\omega)$ の表式を代入することで，これはデバイ関数とよばれる次の関数

$$D(x) = \frac{3}{x^3}\int_0^x dt\frac{t^3}{(e^t-1)} \tag{3.45}$$

を用いて

$$E = 3Nk_\mathrm{B} TD\left(\frac{\Theta_\mathrm{D}}{T}\right) \tag{3.46}$$

と表される．ここで $\Theta_\mathrm{D} = \hbar\omega_\mathrm{D}/k_\mathrm{B}$ はデバイ温度とよばれるこの系に特徴的な温度である．この結果を用いて熱容量は

$$C = \left(\frac{\partial E}{\partial T}\right)_N = 3Nk_\mathrm{B}\left[4D\left(\frac{\Theta_\mathrm{D}}{T}\right) - \frac{3\Theta_\mathrm{D}/T}{e^{\Theta_\mathrm{D}/T}-1}\right] \tag{3.47}$$

となる．

$x \ll 1$ ならびに $x \gg 1$ の場合のデバイ関数の表式を用いると，高温 $T/\Theta_\mathrm{D} \gg 1$ では

$$C = 3Nk_\mathrm{B} \tag{3.48}$$

となり，例題 2 で考察した古典極限（デュロン・プティの法則）を再現する．一方，低温 $T/\Theta_\mathrm{D} \ll 1$ では

$$C = 3Nk_\mathrm{B}\frac{4\pi^4}{5}\left(\frac{T}{\Theta_\mathrm{D}}\right)^3 \tag{3.49}$$

となり，T^3 に比例してゼロとなることがわかる．

この結果は絶対零度に向かって熱容量が指数関数的にゼロに近づくアインシュタイン模型（例題 13）と異なっており，固体の熱容量をより正確に記述することができる．これはアインシュタイン模型ではすべての調和振動子が同じ角振動数をもつと仮定していたのに対し，本例題で取り扱った模型では角振動数が同一ではなく，状態密度 $D_\omega(\omega)$ が ω^2 に比例してゼロになることに由来している．

・$x \ll 1$ で
$D(x) = \frac{3}{x^3}\int_0^x dt\, t^2$
$\quad \times \left(1 - \frac{1}{2}t + \cdots\right)$
$= 1 - \frac{3}{8}x + \cdots$

・$x \gg 1$ で
$D(x) \simeq \frac{3}{x^3}\int_0^\infty dt\,\frac{t^3}{e^t-1}$
$= \frac{3}{x^3}\frac{\pi^4}{15}$
$= \frac{\pi^4}{5}\frac{1}{x^3}$

例題 15 の発展問題

15-1. 一辺 L の 1 次元ならびに 2 次元等方的な弾性体におけるデバイ模型を考え，熱容量の温度変化を調べよ．ただし変位はそれぞれ辺の方向に沿った 1 次元ベクトルならびに 2 次元ベクトルであるとする．

15-2. 3 次元の弾性体において分散関係が $\omega = Ak^n$ で表される振動について考える．このときの低温における熱容量が $T^{3/n}$ に比例することを示せ．ただし，A は正の定数である．

15-3. 発展問題 15-2 で考察した様々な振動の低温における熱容量の温度依存性について，状態密度の角振動数に対する依存性から定性的な考察をせよ．

例題 16　調和振動子（演算子の方法）

固体内の格子振動におけるアインシュタイン模型（例題 13）の問題を別な方法で考える．1 個の調和振動子に対してそのハミルトニアン

$$\mathcal{H}_1 = \frac{p^2}{2m} + \frac{1}{2}m\omega^2 x^2 \tag{3.50}$$

を考える．ここで，格子変位 x とその運動量 p の間には交換関係 $[x, p] = i\hbar$ が成り立つ．

(i) x と p の代わりに新しい演算子 a と $a^\dagger$ を以下の式

$$x = \sqrt{\frac{\hbar}{2\omega m}}\left(a + a^\dagger\right) \tag{3.51}$$

$$p = i\sqrt{\frac{m\hbar\omega}{2}}\left(a^\dagger - a\right) \tag{3.52}$$

により導入する．a と $a^\dagger$ の間に $[a, a^\dagger] = 1$, $[a, a] = 0$, $[a^\dagger, a^\dagger] = 0$ の交換関係を導入することで，$[x, p] = i\hbar$ を再現することを示せ．

(ii) 新しい演算子を用いると式 (3.50) のハミルトニアンが

$$\mathcal{H}_1 = \hbar\omega\left(a^\dagger a + \frac{1}{2}\right) \tag{3.53}$$

となることを示せ．ここで $\hat{n} \equiv a^\dagger a$ の固有値はゼロ以上の整数 $n = 0, 1, \cdots$ であることが示される（発展問題 16-1 参照）．この固有状態を $|n\rangle$ とすると，$a|n\rangle$ は $|n-1\rangle$ に比例することを示せ．ただし $n \geq 1$ である．

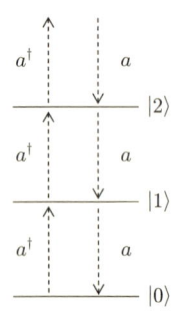

(iii) 上記の考察から，零点エネルギー $\hbar\omega/2$ を除いて，一つの調和振動子のエネルギーは $(\hbar\omega) \times n$ $(n = 0, 1, 2, \cdots)$ と書けることがわかった．ここで n を粒子の個数，$\hbar\omega$ を一つの粒子のエネルギーと見なすと，この

系は自由なボーズ粒子系とも見なせる．

　この考えに基づいて，角振動数が ω の独立な N 個の調和振動子の集まりについて考えよう．i 番目の調和振動子を記述するボーズ粒子の個数を n_i で記す．この系の各々の状態は $(n_1, n_2, \cdots n_N)$ で指定され，全粒子数と全エネルギーはそれぞれ $L = \sum_{i=1}^{N} n_i$ ならびに $E = \sum_{i=1}^{N} \hbar\omega n_i = \hbar\omega L$ で与えられる．例題 9 を参考にしてこの系の分配関数と内部エネルギーを導け．得られた結果を例題 13 の結果と比較せよ．

考え方

例題 13 で考えた格子振動の問題を異なった視点から考察する．調和振動子の問題では，座標表示に基づいた微分方程式（シュレディンガー方程式）を解く方法と等価な方法として昇降演算子の方法が知られている．演算子の積 $\hat{n} = a^\dagger a$ に対する固有値をボーズ粒子の数と解釈することで，この問題は自由なボーズ粒子の問題と等価であることが示される．このような考えは場の量子論の方法の基礎となる．

‖解答‖

(i) x, p と a, $a^\dagger$ との関係式

$$x = \sqrt{\frac{\hbar}{2\omega m}} \left(a + a^\dagger\right) \tag{3.54}$$

$$p = i\sqrt{\frac{m\hbar\omega}{2}} \left(a^\dagger - a\right) \tag{3.55}$$

から $[x, p]$ を計算すると

$$\begin{aligned}
[x, p] &= i\hbar \frac{1}{2} [a + a^\dagger, a^\dagger - a] \\
&= \frac{i\hbar}{2} \left([a, a^\dagger] - [a, a] + [a^\dagger, a^\dagger] - [a^\dagger, a]\right)
\end{aligned} \tag{3.56}$$

となるが，関係式 $[a, a^\dagger] = 1$, $[a, a] = 0$, $[a^\dagger, a^\dagger] = 0$ を用いて整理すると，右辺は

ワンポイント解説

$$[x,p] = i\hbar \frac{1}{2} 2[a, a^\dagger] = i\hbar \tag{3.57}$$

となる．

(ii) 同じように，x, p と a, $a^\dagger$ との関係式をハミルトニアンに代入して，交換関係を用いて整理すると

$$\begin{aligned}\mathcal{H}_1 &= \frac{1}{2m}(-)\frac{m\hbar\omega}{2}\left(a^\dagger - a\right)^2 \\ &\quad + \frac{1}{2}m\omega^2 \frac{\hbar}{2\omega m}\left(a^\dagger + a\right)^2 \\ &= \frac{1}{2}\hbar\omega\left(a^\dagger a + aa^\dagger\right) = \hbar\omega\left(a^\dagger a + \frac{1}{2}\right)\end{aligned} \tag{3.58}$$

が得られる．

$\hat{n} = a^\dagger a$ の n 番目の固有状態を $|n\rangle$ とし，その固有値を n とする $(a^\dagger a|n\rangle = n|n\rangle)$．$\hat{n}$ の固有値はゼロ以上の整数であることが発展問題 16-1 より示される．

$a|n\rangle$ をハミルトニアンに作用させると

$$\begin{aligned}\mathcal{H}_1(a|n\rangle) &= \hbar\omega\left(a^\dagger a a + \frac{1}{2}a\right)|n\rangle \\ &= \hbar\omega\left\{\left(aa^\dagger - 1\right)a + \frac{1}{2}a\right\}|n\rangle \\ &= \hbar\omega\left\{(n-1) + \frac{1}{2}\right\}a|n\rangle\end{aligned} \tag{3.59}$$

となり，$a|n\rangle$ が $n-1$ 番目の固有状態に比例することが示された．$a^\dagger|n\rangle$ が $|n+1\rangle$ に比例することも同様に示すことができる（発展問題 16-2）．

(iii) 自由なボーズ粒子系の分配関数は例題 9 で考察した．これを参考にすると

$$\begin{aligned}Z_G &= \sum_{L=0}^{\infty} \sum_{\{n_i\}_L} e^{-\beta(E-\mu L)} \\ &= \sum_{L=0}^{\infty} \sum_{\{n_i\}_L} \prod_i^N e^{-\beta(\hbar\omega-\mu)n_i}\end{aligned} \tag{3.60}$$

であるが，右辺の和 $\sum_{L=0}^{\infty}\sum_{\{n_i\}_L}$ は n_i に関する独

・発展問題 13-2 のエルミート多項式を用いて微分方程式を解く方法と比べて，より簡単な方法で同じ固有値が得られている．

量子力学では，$a^\dagger$ と a は調和振動子のエネルギー準位を上げ下げする演算子として昇降演算子とよばれる．場の量子論では，$a^\dagger$ と a は粒子（この場合はフォノン）を作ったり消したりする演算子と解釈されるので生成・消滅演算子とよばれる．

立な和に書き換えられて

$$Z_G = \left(\sum_{n_1=0}^{\infty}\sum_{n_2=0}^{\infty}\cdots\sum_{n_N=0}^{\infty}\right)\prod_{i}^{N} e^{-\beta(\hbar\omega-\mu)n_i}$$

$$= \prod_{i}^{N} \frac{1}{1-e^{-\beta(\hbar\omega-\mu)}}$$

$$= \left[\frac{1}{1-e^{-\beta(\hbar\omega-\mu)}}\right]^N \quad (3.61)$$

となる．一粒子分布関数と内部エネルギーも同様の議論により

$$\langle n_i \rangle = \frac{1}{e^{\beta(\hbar\omega-\mu)}-1} \quad (3.62)$$

ならびに

$$E = \hbar\omega \sum_{i=0}^{N} \langle n_i \rangle = N\hbar\omega \frac{1}{e^{\beta(\hbar\omega-\mu)}-1} \quad (3.63)$$

となる．

一方，例題 13 で導いたように，独立な N 個の調和振動子の分配関数は

$$Z = \frac{1}{(1-e^{-\beta\hbar\omega})^N} \quad (3.64)$$

となり，内部エネルギーは

$$E = N\hbar\omega \frac{1}{e^{\beta\hbar\omega}-1} \quad (3.65)$$

となる．

二つの結果を比較すると $\mu = 0$ の場合に式 (3.63) は式 (3.65) と一致することがわかる．つまり零点振動を除いたとき，調和振動子の系は化学ポテンシャルがゼロの自由なボーズ粒子の集まりと等価である．

例題 16 の発展問題

16-1. 演算子 $\hat{n} = a^\dagger a$ の固有値はゼロ以上の整数 $n = 0, 1, \cdots$ であることを示せ．

16-2. $a^\dagger|n\rangle$ が $|n+1\rangle$ に比例することを示せ．

16-3. $|n\rangle = C_n (a^\dagger)^n |0\rangle$ としたとき，係数 C_n を求めよ．

例題 17　電磁場と調和振動子

電磁場の統計力学を考える準備として，その波動としての性質を考察しよう．ここでは真空中のマクスウェル方程式

$$\nabla \cdot D(x,t) = 0 \tag{3.66}$$

$$\nabla \cdot B(x,t) = 0 \tag{3.67}$$

$$\nabla \times E(x,t) = -\frac{\partial B(x,t)}{\partial t} \tag{3.68}$$

$$\nabla \times H(x,t) = \frac{\partial D(x,t)}{\partial t} \tag{3.69}$$

から出発する．$D(x,t) = \varepsilon_0 E(x,t)$ と $B(x,t) = \mu_0 H(x,t)$ の関係があり，ε_0 と μ_0 はそれぞれ真空の誘電率と透磁率である．

(i) 磁束密度と電場の代わりに

$$B(x,t) = \nabla \times A(x,t) \tag{3.70}$$

$$E(x,t) = -\nabla \phi(x,t) - \frac{\partial A(x,t)}{\partial t} \tag{3.71}$$

によりベクトルポテンシャル $A(x,t)$ とスカラーポテンシャル $\phi(x,t)$ を導入する．これによりベクトルポテンシャルが波動方程式

$$\nabla^2 A(x,t) - \frac{1}{c^2}\frac{\partial^2 A(x,t)}{\partial t^2} = 0 \tag{3.72}$$

に従うことを示せ．ただし $c = 1/\sqrt{\varepsilon_0 \mu_0}$ は真空中の光速である．ここでベクトルポテンシャルにはクーロンゲージ条件とよばれる $\nabla \cdot A(x,t) = 0$ の条件を課している．

(ii) 発展問題 17-1 で調べるように，クーロンゲージ条件のもとではベクトルポテンシャルは横波成分だけをもつのでこれを $l(=1,2)$ で識別する．このことを考慮してベクトルポテンシャルを

$$A(x,t) = \sum_{kl} e_{kl} e^{ik \cdot x} g_k^{(l)}(t) \tag{3.73}$$

として波数と振動方向に関して展開する．ここで e_{kl} は振動方向の単位ベクトルであり，$g_k^{(l)}(t)$ は波数が k，振動方向が l の振動の振幅である．このとき $g_k^{(l)}(t)$ が調和振動子の運動方程式に従うことを示せ．

例題 17 電磁場と調和振動子　71

考え方

電磁場の統計力学を考察する準備として，電磁場の波動としての性質を復習する．電場や磁場よりベクトルポテンシャルとよばれる量が，電磁場を記述するより基本的な物理量であることを電磁気学で学んだ．これを用いてマクスウェル方程式を書き換えることで，ベクトルポテンシャルが波動方程式に従うことを示す．さらに波動の基準振動分解の考えに基づいて，ベクトルポテンシャルを各波数と振動方向に分解すると，その振幅は調和振動子と同じ方程式に従う．つまり電磁場は多数の独立な調和振動子の集まりと解釈することができる．本章で導出した結果は，次章の電磁場の統計力学的性質を調べる際に重要な役割を果たす．

解答

(i) 式 (3.66) に式 (3.71) を代入すると

$$\nabla \cdot \left(-\nabla \phi(\boldsymbol{x},t) - \dot{\boldsymbol{A}}(\boldsymbol{x},t)\right) = 0 \quad (3.74)$$

となるが，クーロンゲージ条件を用いると左辺のカッコ内第 2 項はゼロとなり上式は

$$\nabla^2 \phi(\boldsymbol{x},t) = 0 \quad (3.75)$$

となる．これはラプラス方程式であり，いたるところで電荷が無い場合は $\phi(\boldsymbol{x},t) = 0$ と取ることができる．

また，式 (3.69) に式 (3.70) と式 (3.71) を代入すると

$$\nabla \times \nabla \times \boldsymbol{A}(\boldsymbol{x},t)$$
$$= \mu_0 \varepsilon_0 \left(-\nabla \dot{\phi}(\boldsymbol{x},t) - \ddot{\boldsymbol{A}}(\boldsymbol{x},t)\right) \quad (3.76)$$

となる．これにベクトル解析の公式 $\nabla \times \nabla \times \boldsymbol{v} = \nabla(\nabla \cdot \boldsymbol{v}) - \nabla^2 \boldsymbol{v}$ と $c = 1/\sqrt{\varepsilon_0 \mu_0}$ を用いると

$$\nabla^2 \boldsymbol{A}(\boldsymbol{x},t) - \frac{1}{c^2}\ddot{\boldsymbol{A}}(\boldsymbol{x},t) = 0 \quad (3.77)$$

が得られる．

ワンポイント解説

・以降は時間微分を

$$\frac{\partial f(t)}{\partial t} = \dot{f}(t)$$

$$\frac{\partial^2 f(t)}{\partial t^2} = \ddot{f}(t)$$

と表す．

・よく知られているように $\boldsymbol{E}(\boldsymbol{x},t)$ や $\boldsymbol{B}(\boldsymbol{x},t)$ も式 (3.77) と同じ波動方程式を満たす．

(ii) 式 (3.73) のベクトルポテンシャルの展開の式を波動方程式 (3.77) に代入すると,

$$\sum_{kl} \boldsymbol{e}_{\boldsymbol{k}l}(ik)^2 e^{i\boldsymbol{k}\cdot\boldsymbol{x}} g_{\boldsymbol{k}}^{(l)}(t) = \frac{1}{c^2} \sum_{kl} \boldsymbol{e}_{\boldsymbol{k}l} e^{i\boldsymbol{k}\cdot\boldsymbol{x}} \ddot{g}_{\boldsymbol{k}}^{(l)}(t) \tag{3.78}$$

が得られる．各波数と振動方向は独立であり $\boldsymbol{e}_{\boldsymbol{k}l} e^{i\boldsymbol{k}\cdot\boldsymbol{x}}$ は完全規格直交系をなすから，この等式は各成分での等式

$$-k^2 g_{\boldsymbol{k}}^{(l)}(t) = \frac{1}{c^2} \ddot{g}_{\boldsymbol{k}}^{(l)}(t) \tag{3.79}$$

と等価である．これは $g_{\boldsymbol{k}}^{(l)}(t)$ が各波数，振動方向において独立に調和振動子の運動方程式に従うことを示しており，その角振動数は $\omega = c|\boldsymbol{k}|$ であることがわかる．

さて，電磁波の分散関係が波数の絶対値に比例する結果が得られたが，これは例題 14 で取り扱った音響型格子振動の結果と同じである．したがって，電磁場の振動に関する状態密度も例題 14 の式 (3.31) がそのまま適用できて

$$D_\omega(\omega) = \frac{V}{2\pi^2 c^3} \omega^2 \times 2 \tag{3.80}$$

となる．ここで電磁波は二つの横波があることを考慮した．

・音響型格子振動との分散関係の類似性は同じ波動方程式から出発したのだから当然である．

例題 17 の発展問題

17-1. クーロンゲージ条件 $\boldsymbol{\nabla} \cdot \boldsymbol{A}(\boldsymbol{x},t) = 0$ のもとでは，$\boldsymbol{A}(\boldsymbol{x},t)$ で記述される波動が縦波成分をもたないことを示せ．

17-2. 真空中の電磁場が満たす方程式において，ベクトルポテンシャルとスカラーポテンシャルを同時に

$$\boldsymbol{A}(\boldsymbol{x},t) \to \boldsymbol{A}(\boldsymbol{x},t) + \boldsymbol{\nabla}\chi(\boldsymbol{x},t)$$

$$\phi(\boldsymbol{x},t) \to \phi(\boldsymbol{x},t) - \dot{\chi}(\boldsymbol{x},t)$$

の変換を行っても，$\boldsymbol{E}(\boldsymbol{x},t)$ や $\boldsymbol{B}(\boldsymbol{x},t)$ は変更を受けないことを示せ．ここで $\chi(\boldsymbol{x},t)$ はスカラーである．

17-3. クーロンゲージ条件のもとで電磁場のエネルギー

$$E = \frac{1}{2} \int d\boldsymbol{x} \, [\boldsymbol{D}(\boldsymbol{x},t) \cdot \boldsymbol{E}(\boldsymbol{x},t) + \boldsymbol{B}(\boldsymbol{x},t) \cdot \boldsymbol{H}(\boldsymbol{x},t)]$$

をベクトルポテンシャル $\boldsymbol{A}(\boldsymbol{x},t)$ で表せ．さらに展開式 (3.73) を用いることで，これと調和振動子のハミルトニアンとの関係について考察せよ．

例題 18　電磁場の統計力学

例題 17 の結果をもとに，一辺の長さが L の立方体の空洞内で温度 T の熱平衡状態にある電磁場の熱統計力学的な性質について考察する．

(i) 正準集団の考えに基づいてこの系の分配関数を求めよ．これからヘルムホルツの自由エネルギーと内部エネルギーを計算し，その物理的意味を考察せよ．

(ii) 角振動数が ω と $\omega + d\omega$ の間にある単位体積当たりの内部エネルギーを $u(\omega)d\omega$ と記す．このとき $u(\omega)$ を求めよ．これは内部エネルギー密度とよばれる．

(iii) 高温 $\hbar\omega/k_\mathrm{B}T \ll 1$，および低温 $\hbar\omega/k_\mathrm{B}T \gg 1$ の極限における $u(\omega)$ の表式を求めよ．両極限の表式はそれぞれレイリー・ジーンズの法則，ウィーンの法則とよばれる．

考え方

例題 17 の結果を参考にして熱平衡状態にある電磁場の統計力学について考察する．例題 17 で導いたように真空中の電磁場は独立した調和振動子の集まりと見なせる．量子統計力学に基づいてこの調和振動子系を取り扱うと，零点エネルギーを除いたエネルギーは $\hbar\omega$ とゼロ以上の整数の積として表される．これらはそれぞれボーズ粒子のエネルギーと粒子数と解釈でき，このボーズ粒子をフォトン（光子）という．格子振動の場合との類似点と相違点が熱力学的性質にどのように現れるか注意する．

解答

(i) 例題 17 で考察したように，電磁波は各波数 $\boldsymbol{k}$ と振動方向 $l(=1,2)$ で独立な調和振動子の集まりと捉えることができる．このとき角振動数は波数のみの関数で $\omega_{\boldsymbol{k}} = c|\boldsymbol{k}|$ と書ける．量子力学では，調和振動子のエネルギーは角振動数を用いて

$$E_{\boldsymbol{k}l} = \hbar\omega_{\boldsymbol{k}}\left(n_{\boldsymbol{k}l} + \frac{1}{2}\right) \tag{3.81}$$

と表される．ただし $n_{\boldsymbol{k}l}$ はゼロ以上の整数であり，全体のエネルギーは

ワンポイント解説

$$E = \sum_{\boldsymbol{k}l} E_{\boldsymbol{k}l} \qquad (3.82)$$

である．

この系の分配関数は各基準振動で分けて考えることができるので

$$Z = \prod_{\boldsymbol{k}} \prod_{l} Z_{\boldsymbol{k}l} \qquad (3.83)$$

となり，$Z_{\boldsymbol{k}l}$ は

$$\begin{aligned} Z_{\boldsymbol{k}l} &= \sum_{n_{\boldsymbol{k}l}=0}^{\infty} e^{-\beta\hbar\omega_{\boldsymbol{k}}\left(n_{\boldsymbol{k}l}+\frac{1}{2}\right)} \\ &= e^{-\beta\hbar\omega_{\boldsymbol{k}}/2} \sum_{n_{\boldsymbol{k}l}=0}^{\infty} \left(e^{-\beta\hbar\omega_{\boldsymbol{k}}}\right)^{n_{\boldsymbol{k}l}} \\ &= \frac{1}{2}\sinh^{-1}\left(\frac{\beta\hbar\omega_{\boldsymbol{k}}}{2}\right) \qquad (3.84) \end{aligned}$$

となる．ヘルムホルツの自由エネルギーは

$$F = -k_{\mathrm{B}} T \sum_{\boldsymbol{k}l} \log Z_{\boldsymbol{k}l} \qquad (3.85)$$

であるが，波数に関する和を角振動数に関する積分に変換すると

$$F = k_{\mathrm{B}} T \int_0^{\infty} d\omega\, D_{\omega}(\omega) \log\left(2\sinh\frac{\beta\hbar\omega_{\boldsymbol{k}}}{2}\right) \qquad (3.86)$$

となる．ここで $D_{\omega}(\omega)$ は例題17の式(3.80)で与えられる状態密度であり具体的に

$$D_{\omega}(\omega) = \frac{V}{2\pi^2 c^3} \omega^2 \times 2 \qquad (3.87)$$

であるが，因子の2は式(3.85)の l に関する和に由来していることに注意．これから $E = F - T(\partial F/\partial T)_{V,N}$ を用いて内部エネルギーを導くと

$$E = \int_0^{\infty} D_{\omega}(\omega)\left(\frac{\hbar\omega}{2} + \hbar\omega\frac{1}{e^{\beta\hbar\omega}-1}\right) d\omega \qquad (3.88)$$

が得られる．

上式の被積分関数のかっこ内は（零点エネルギー）

＋（振動のエネルギー量子）×（化学ポテンシャルがゼロのボーズ・アインシュタイン分布関数）となっている．このことは電磁場の系が，$\hbar\omega$ のエネルギーをもった化学ポテンシャルがゼロの自由なボーズ粒子の集まりと等価であることを示唆しており，この粒子は光子（フォトン）とよばれる．

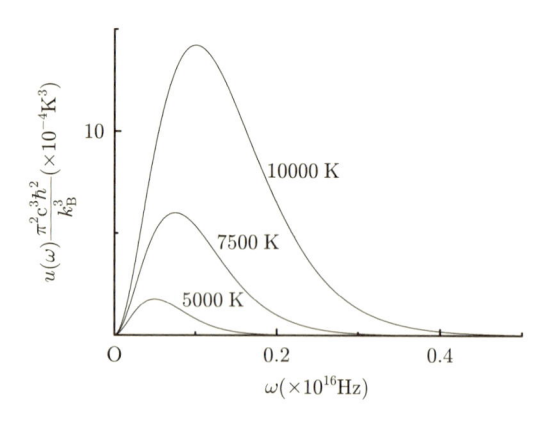

(ii) (i) の式 (3.88) は

$$\frac{E}{V} = \int_0^\infty d\omega \, u(\omega) \tag{3.89}$$

と書ける．ここで $u(\omega)$ は単位体積当たりの内部エネルギー密度であり，式 (3.88) 第 1 項の零点エネルギーの寄与を除くと

$$u(\omega) = \frac{\omega^2}{\pi^2 c^3} \hbar\omega \frac{1}{e^{\beta\hbar\omega} - 1} \tag{3.90}$$

となる．これを角振動数の関数として図に表した．周波数と波長 λ との関係 $\omega = 2\pi c/\lambda$ を用いて，ω と $\omega + d\omega$ の間にあるエネルギー $u(\omega)d\omega$ を波長が λ と $\lambda + d\lambda$ の間にあるエネルギーに書き換えると

$$u_\lambda(\lambda)d\lambda = \frac{8\pi hc}{\lambda^5} \frac{1}{e^{\beta hc/\lambda} - 1} d\lambda \tag{3.91}$$

が得られる．これはプランクの公式とよばれる．

(iii) 高温 ($k_B T \gg \hbar\omega$) ではボーズ・アインシュタイン分

→ 歴史的には逆であり，1896 年にウィーンが式 (3.93) の原形となる式を導出し，1900 年と 1905 年にそれぞれレイリーとジーンズがエネルギーの等分配則に基づいて式 (3.92) の原形となる式を導出した．1900 年にプランクはその内挿公式として式 (3.90) を考え，その考察からエネルギー量子の考えにたどりついた．

布関数は $1/(e^{\beta\hbar\omega}-1) \simeq 1/(\beta\hbar\omega)$ と近似できるので，エネルギー密度は

$$u(\omega) = \frac{\omega^2}{\pi^2 c^3} k_\text{B} T \tag{3.92}$$

と温度に比例した表式となる．これをレイリー・ジーンズの法則とよばれる．

一方，低温 ($k_\text{B}T \ll \hbar\omega$) では，ボーズ・アインシュタイン分布関数は $1/(e^{\beta\hbar\omega}-1) \simeq 1/e^{\beta\hbar\omega}$ と近似できるから

$$u(\omega) = \frac{\hbar\omega^3}{\pi^2 c^3} e^{-\beta\hbar\omega} \tag{3.93}$$

が得られる．これはウィーンの法則とよばれる．

例題 18 の発展問題

18-1. 本例題の式 (3.88) の内部エネルギーを計算し，これが T^4 に比例することを示せ．これは《内容のまとめ》の式 (3.3) で記したシュテファン・ボルツマンの法則である．

18-2. 本例題の式 (3.86) のヘルムホルツの自由エネルギーを計算し，輻射圧力（電磁場による圧力）とエネルギーの間に $pV = E/3$ の関係があることを示せ．

18-3. 本例題の式 (3.90) のエネルギー密度 $u(\omega)$ を $\hbar\omega/k_\text{B}T$ の関数として図示し本例題の図を確かめよ．エネルギー密度の最大値を与える角振動数の値は温度の関数とともにどのように変化するか．

重要度 ★★★★

4 フェルミ粒子系・ボーズ粒子系の展開

―― 《 内容のまとめ 》――

本章では第 2 章で取り上げたフェルミ粒子系，ボーズ粒子系の基礎的な事項をもとに，低温での統計力学的な性質について詳しい考察を行う．

ほとんど相互作用の無いフェルミ粒子系の一粒子分布関数は例題 8 で導出したように

$$f_{\mathrm{FD}}(\varepsilon) = \frac{1}{e^{\beta(\varepsilon-\mu)}+1} \tag{4.1}$$

で与えられる．これは絶対零度では

$$f_{\mathrm{FD}}(\varepsilon) = \theta(\varepsilon_{\mathrm{F}} - \varepsilon) \tag{4.2}$$

の階段関数で与えられる．ここで $x > 0$ の場合は $\theta(x) = 1$，$x < 0$ の場合は $\theta(x) = 0$ である．また ε_{F} は絶対零度の化学ポテンシャル $\mu(T=0)$ でフェルミエネルギーとよばれ，$\varepsilon_{\mathrm{F}} = (\hbar^2 k_{\mathrm{F}}^2)/(2m) = \hbar^2 \left(3\pi^2 N/V\right)^{2/3}/(2m)$ で与えられる．いまスピン S の粒子を考えるとフェルミエネルギーより低いエネルギー準位は，それぞれ $2S+1$ 個の粒子により占有されており，これより高いエネルギー準位は全く占有されていない．つまり粒子の非占有状態と占有状態との明確な境界が存在する．これはフェルミ粒子がパウリの排他律に基づいて一つの準位に占有できる粒子数が最大 1 個であることを反映したものであり，ある準位まで粒子が密に占有している状態はフェルミ縮退とよばれる．通常の金属のフェルミエネルギーはおよそ数 eV で，これは温度に換算するとおよそ 10^4 K であり室温より非常に大きい．

一粒子分布関数が階段関数から有限温度でどのように変わるかは例題 8 で調

べた．有限温度では，(i) $\varepsilon = \varepsilon_{\mathrm{F}}$ における不連続性が無くなることでなめらかな連続関数となり，(ii) 化学ポテンシャル μ が $\mu(T=0) = \varepsilon_{\mathrm{F}}$ から変化する．特に前者において，分布関数が階段関数から修正を受けるのは $|\varepsilon - \mu(T)| \leq k_{\mathrm{B}}T$ の領域に限られており，$|\varepsilon - \mu(T)| \gg k_{\mathrm{B}}T$ の領域では分布関数はほぼ0もしくはほぼ1である．つまり温度の効果は化学ポテンシャル近傍に限られ，他の準位の粒子はほぼ絶対零度の状態のままである．このことからエネルギーの等分配則は成立していない．これは**固体の電子に起因した熱容量にはすべての電子が関与しないのはなぜか**という古くからの疑問に答える．このようにフェルミ粒子系の低エネルギー励起が化学ポテンシャル近傍の $k_{\mathrm{B}}T$ 程度の領域に限られることは，固体の熱力学的性質，電気抵抗などの輸送現象，磁性などを大きく支配している．

一方，粒子の占有数に上限の無いボーズ粒子系では，一粒子分布関数は例題9で導いたように

$$f_{\mathrm{BE}}(\varepsilon) = \frac{1}{e^{\beta(\varepsilon-\mu)} - 1} \tag{4.3}$$

で与えられる．ここでエネルギー準位の最低値を $\varepsilon = 0$ とすることを改めて記しておく．ここで重要なことは，(i) ボーズ粒子系の化学ポテンシャルはゼロまたは負である（発展問題9-2)，(ii) 一粒子分布関数の和は総粒子数である．つまり $N = \sum_l f_{\mathrm{BE}}(\varepsilon_l)$ である．絶対零度で一粒子分布関数は $\varepsilon = \mu(T=0)$ で発散，$\varepsilon > \mu(T=0)$ でゼロというかなり特異な関数になるので，有限温度から温度の減少による変化を追う方が考えやすい．その際に上記の (i) と (ii) から化学ポテンシャル $\mu(T)$ は負からゼロに近づくと期待される（発展問題9-3参照)．温度の降下とともに $f_{\mathrm{BE}}(\varepsilon)$ は $\varepsilon = 0$ の極近傍でのみ有限の値をもつことになるが，上記の (ii) の条件を満たすためには，どこかの温度以下でほぼすべての粒子が $\varepsilon = 0$ の最低エネルギー準位を占有することが必要となってくる．これをボーズ・アインシュタイン凝縮とよぶ．実はボーズ・アインシュタイン凝縮が生じる条件は，系の次元に強く依存している（例題24)．これは最低エネルギー準位よりエネルギーの高い準位にどのくらい粒子が占有できるかが次元に依存しているためであり，一粒子状態密度の $\varepsilon = 0$ 近傍の振る舞いにより理解される．

例題 19　自由粒子の状態密度

一辺 L の立方体に閉じ込められた独立な粒子の集まりを考える．一つの粒子のエネルギー準位が ε と $\varepsilon + d\varepsilon$ の間にあるときのスピン当たりの状態数を $D(\varepsilon)d\varepsilon$ としたとき

$$D(\varepsilon) = \frac{L^3}{4\pi^2}\left(\frac{2m}{\hbar^2}\right)^{\frac{3}{2}}\sqrt{\varepsilon} \tag{4.4}$$

となることを示せ．ここで m は粒子の質量である．$D(\varepsilon)$ は一つのスピン当たりの一粒子の状態密度とよばれる．

考え方

自由な粒子（フェルミ粒子かボーズ粒子かを問わない）の分散関係からその状態密度を求める．計算の手順は例題 14 の弾性波の状態密度の求め方と同様である．両者の分散関係や次元性の相違が，状態密度の違いにどのように反映しているかに注意する．得られた状態密度は，後の例題で取り扱うフェルミ粒子系やボーズ粒子系の熱力学的・統計力学的性質を調べる際に重要な役割を果たす．

‖解答‖

一辺の長さ L の立方体に閉じ込められた粒子のエネルギーについては，すでに例題 4 で詳しく述べた．一つの粒子のエネルギー準位は 3 つの正の整数（量子数）の組 (n_x, n_y, n_z) で指定できて

$$\varepsilon = \frac{\hbar^2}{2m}\left(\frac{\pi}{L}\right)^2(n_x^2 + n_y^2 + n_z^2) \tag{4.5}$$

で与えられる．この結果をもとに状態密度を計算する．

まず，エネルギーが 0 から ε の間にある状態数 $N(\varepsilon)$ を求める．これは正の整数の組 (n_x, n_y, n_z) の取り得る個数であり，例題 14 で取り扱った格子振動の状態数と同様に考えることができる．まず (n_x, n_y, n_z) で張られる 3 次元空間において原点からの距離を $n = \sqrt{n_x^2 + n_y^2 + n_z^2}$ としたとき，半径が

ワンポイント解説

・本例題で取り扱う一粒子の状態密度と，小正準集団で重要な役割を果たす全エネルギー E に対する状態密度（$\Omega(E)$ などと書く）と混同しないこと．

$$n = \sqrt{2m\varepsilon}\frac{L}{\hbar\pi} \tag{4.6}$$

となる球を考える．この球の体積の 1/8 を整数の組 (n_x, n_y, n_z) 一つが占める体積で割ればよい．前者は

$$\frac{1}{8} \times \frac{4\pi}{3}(2m\varepsilon)^{3/2}\left(\frac{L}{\hbar\pi}\right)^3 \tag{4.7}$$

で，後者は 1 である．したがって，状態数は

$$N(\varepsilon) = \frac{\pi}{6}\left(\frac{L}{\pi}\right)^3\left(\frac{2m}{\hbar^2}\right)^{\frac{3}{2}}\varepsilon^{\frac{3}{2}} \tag{4.8}$$

である．エネルギーが ε と $\varepsilon+d\varepsilon$ の間にある状態数は，$d\varepsilon$ が ε に比べて十分小さければ

$$D(\varepsilon)d\varepsilon = N(\varepsilon+d\varepsilon) - N(\varepsilon) = \frac{dN(\varepsilon)}{d\varepsilon}d\varepsilon \tag{4.9}$$

だから

$$D(\varepsilon) = \frac{dN}{d\varepsilon} = \frac{V}{4\pi^2}\left(\frac{2m}{\hbar^2}\right)^{\frac{3}{2}}\sqrt{\varepsilon} \tag{4.10}$$

となる．ここで $V = L^3$ を用いた．これらの結果から 3 次元の場合の状態密度は $\sqrt{\varepsilon}$ に比例することがわかる（図参照）．

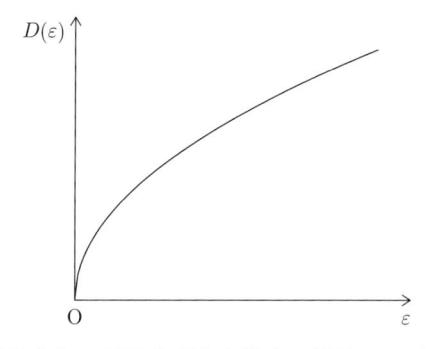

さて粒子として電子を考えた場合，電子のスピンは大きさが 1/2 であり，その z 成分は 1/2 と $-1/2$ の 2 通りを取るから，スピン自由度まで含めた一粒子状態密度は上

記の $D(\omega)$ の 2 倍である．電子の状態密度は光電子分光法やトンネル分光法で直接観測することができる．

例題 19 の発展問題

19-1. 長さ L の 1 次元鎖，ならびに一辺が L の 2 次元正方形内に閉じ込められた粒子の状態密度を求めよ．

19-2. 例題 4 の式 (1.53) のシュレディンガー方程式を周期境界条件のもとで解き，その結果から一粒子状態密度を求めよ．得られた結果を本例題の結果と比較せよ．

19-3. 本例題の結果は，例題 14 で取り上げた格子振動の状態密度と結果が異なる．これを一粒子のエネルギーと波数との関係（分散関係）から考察せよ．粒子の分散関係と格子振動の分散関係を比較し，両者の相違が状態密度にどのように反映しているか．

例題 20　縮退した電子系の化学ポテンシャル

体積 V の立方体中にある N 個の自由な電子の低温の性質について考える．

(i) 絶対零度の化学ポテンシャルを，例題 19 の状態密度の結果を用いて求めよ．

(ii) 低温の化学ポテンシャルを例題 12 のゾンマーフェルト展開を用いて温度の 2 乗まで求めよ．

考え方

例題 19 で導いた電子の状態密度と，例題 12 で導いた低温のフェルミ粒子におけるゾンマーフェルト展開を用いて，低温の化学ポテンシャルについて調べる．式 (2.33) における I として全粒子数の平均値を考えればよい．得られた化学ポテンシャルの温度変化について物理的な考察をする．

∥解答∥

立方体中に閉じ込められた電子のエネルギーと状態密度については例題 19 で考察した．電子のエネルギー ε はその波数 $\boldsymbol{k}$ の絶対値 $k = |\boldsymbol{k}|$ を用いて

$$\varepsilon = \frac{\hbar^2}{2m}k^2 \tag{4.11}$$

で表され，一スピン当たりの状態密度は

$$D(\varepsilon) = \frac{V}{4\pi^2}\left(\frac{2m}{\hbar^2}\right)^{\frac{3}{2}}\sqrt{\varepsilon} \tag{4.12}$$

となる．電子はフェルミ粒子であり，この状態密度に対する電子の占有の仕方はフェルミ・ディラック分布関数が決める．一般の温度で全粒子数はスピンの自由度まで考慮して，

$$N = \int_0^\infty 2D(\varepsilon)f_{\mathrm{FD}}(\varepsilon)d\varepsilon \tag{4.13}$$

となる．

(i) 絶対零度の化学ポテンシャルを μ_0 と記すと，絶対零

ワンポイント解説

度のフェルミ・ディラック分布関数は $f_{\rm FD}(\varepsilon < \mu_0) = 1$ および $f_{\rm FD}(\varepsilon > \mu_0) = 0$ で与えられる階段関数となる．これから式 (4.13) は

$$N = 2\frac{V}{4\pi^2}\left(\frac{2m}{\hbar^2}\right)^{\frac{3}{2}}\int_0^{\mu_0}\sqrt{\varepsilon}d\varepsilon$$
$$= 2\frac{V}{4\pi^2}\left(\frac{2m}{\hbar^2}\right)^{\frac{3}{2}}\frac{2}{3}\mu_0^{3/2} \quad (4.14)$$

となる．これを μ_0 について解くことで

$$\mu_0 = \frac{\hbar^2}{2m}\left(3\pi^2\frac{N}{V}\right)^{2/3} \quad (4.15)$$

が得られる．

絶対零度の化学ポテンシャルはフェルミエネルギーとよばれ，通常 $\varepsilon_{\rm F}$ で表される．これは粒子密度 N/V の 2/3 乗に比例して大きくなることが特徴である．

(ii) 例題 12 で導いたゾンマーフェルト展開を式 (4.13) に適用すると

$$N = \int_0^{\mu} 2D(\varepsilon)d\varepsilon + 2\frac{\pi^2}{6}D'(\mu)(k_{\rm B}T)^2 + O(T^4) \quad (4.16)$$

が得られる．右辺の積分と微分を実行して式 (4.14) を用いると

$$\mu_0^{3/2} = \mu^{3/2}\left[1 + \frac{\pi^2}{6}\frac{3}{4}(k_{\rm B}T)^2\mu^{-2} + \mathcal{O}(T^4)\right] \quad (4.17)$$

が得られ，これから

$$\mu = \mu_0\left[1 + \frac{\pi^2}{8}\left(\frac{k_{\rm B}T}{\mu}\right)^2 + \mathcal{O}(T^4)\right]^{-2/3}$$
$$\simeq \mu_0\left[1 - \frac{\pi^2}{12}\left(\frac{k_{\rm B}T}{\mu}\right)^2 + \mathcal{O}(T^4)\right] \quad (4.18)$$

となる．両辺に μ が現れているので，これを μ について解けばよいのだが，$\mathcal{O}(T^4)$ を無視すれば，右辺第 2 項の μ を μ_0 と置き換えればよい．つまり

・例題 8 で記したように，全粒子数を固定したもとでフェルミ・ディラック分布関数の温度変化を考える際には，分布関数の関数形の温度変化とともに，本例題で示したように化学ポテンシャルの温度変化を考慮しなければいけない．

・$k_{\rm B}T \ll \mu \simeq \mu_0$ として右辺のかっこ内を展開する．

$$\mu = \mu_0 - \frac{\pi^2}{12}\frac{(k_\mathrm{B}T)^2}{\mu_0} + \mathcal{O}(T^4) \qquad (4.19)$$

が得られる．絶対零度から温度の上昇に伴い，化学ポテンシャルは $(k_\mathrm{B}T)^2$ に比例して減少することがわかる．

・式 (4.18) を μ について解き，$k_\mathrm{B}T \ll \mu_0$ の条件から式 (4.19) を直接確かめよ．

例題 20 の発展問題

20-1. 絶対零度の化学ポテンシャル（フェルミエネルギー）を別な観点から求める．波数 $\boldsymbol{k}$ で指定される各状態はスピン自由度を考慮すれば最大 2 個の電子により占有され，絶対零度ではエネルギーの低い状態から順番に N 個の電子が詰まる．3 次元の波数空間では等エネルギー面は球となる（これをフェルミ球とよぶ）ことを用いて，その半径（フェルミ波数）k_F を電子密度 $n = N/V$ で表せ．この結果から絶対零度の化学ポテンシャルを求めよ．

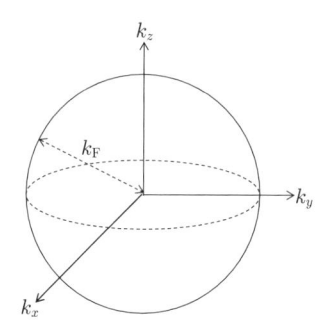

20-2. 電子数密度を $N/V = 10^{22}\,\mathrm{cm}^{-3}$ として絶対零度の化学ポテンシャルを求めよ．

20-3. 平均的な電子間の距離を $\bar{r} = (V/N)^{1/3}$ として，フェルミエネルギー ε_F を $\bar{r}$ で表せ．電子間にクーロン相互作用 $V(|\boldsymbol{r}|) = e^2/|\boldsymbol{r}|$ が働くときの代表的な相互作用エネルギーは $V(\bar{r})$ で表される．両者の比が電子密度とともにどのように変わるか調べよ．

例題 21　縮退した電子系の熱力学的性質

例題 20 に引き続いて，体積 V の立方体中の N 個の自由な電子系の性質について考察する．

(i) 低温における内部エネルギーを温度の 2 乗まで求めよ．

(ii) この結果を用いて，低温の熱容量が $C_V = \gamma T + \mathcal{O}(T^3)$ となることを示し，γ を具体的に求めよ．

考え方

例題 20 と同様に，電子の状態密度とゾンマーフェルト展開を用いて低温の熱容量について調べる．式 (2.33) における I として全エネルギーの平均値を考えればよい．得られた熱容量の温度変化にフェルミ縮退の効果がどのように反映されているかを考察せよ．

解答

(i) 内部エネルギーはフェルミ・ディラック分布関数 $f_{\mathrm{FD}}(\varepsilon)$ と状態密度 $D(\varepsilon)$ を用いて

$$E = \int_0^\infty d\varepsilon\, \varepsilon f_{\mathrm{FD}}(\varepsilon) 2D(\varepsilon)$$
$$= \frac{3}{2} \frac{N}{\mu_0^{3/2}} \int_0^\infty d\varepsilon\, \varepsilon^{3/2} f_{\mathrm{FD}}(\varepsilon) \quad (4.20)$$

と表される．ここで，例題 19 の式 (4.4) と例題 20 の式 (4.15) とから導かれる $D(\varepsilon) = 3N\sqrt{\varepsilon}/(4\mu_0^{3/2})$ を用いた．この右辺に例題 12 のゾンマーフェルト展開を用いることで，

$$E = \frac{3}{5} N \left(\frac{\mu}{\mu_0}\right)^{3/2} \mu \left[1 + \frac{5\pi^2}{8} \left(\frac{k_\mathrm{B} T}{\mu}\right)^2 + \mathcal{O}(T^4) \right] \quad (4.21)$$

が得られる．右辺には化学ポテンシャル μ が含まれており，この温度依存性を考慮しなければいけない．右辺に例題 20 で求めた式 (4.19) を代入することで最終的に

ワンポイント解説

・式 (4.20) から式 (4.21) の導出は発展問題 21-1 で取り扱う．

$$E = \frac{3}{5} N \mu_0 \left[1 + \frac{5\pi^2}{12} \left(\frac{k_B T}{\mu_0} \right)^2 + \mathcal{O}(T^4) \right] \quad (4.22)$$

が得られる.

(ii) 定積熱容量は上で求めた内部エネルギーから

$$C_V = \left(\frac{\partial E}{\partial T} \right)_{V,N} = \gamma T + \mathcal{O}(T^3) \quad (4.23)$$

となる.ここで,T の比例係数は

$$\gamma = \frac{2\pi^2}{3} k_B^2 D(\mu_0) = \frac{\pi^2}{2} \frac{N k_B^2}{\mu_0} \quad (4.24)$$

となる.

実験により観測されている電子比熱(電子状態の熱励起による比熱)は,すべての**自由度に等しく熱エネルギーが分配される**とする古典統計力学のエネルギーの等分配則の予測より 2 ケタほど小さいことが古くから知られており(少なくとも比熱を考える際には),固体内の電子に対して古典的な分子ガスの描像を用いてはいけないことを意味している.式 (4.23) で示されたように,低温での比熱は温度に比例している.これは N 個の電子の中で,フェルミ準位の近傍の $|\varepsilon - \mu| \sim k_B T$ 程度のエネルギー準位を占有するごく一部の電子のみが比熱に寄与をすることに起因しており,パウリの排他律に基づくフェルミ・ディラック統計を考慮して初めて理解できる.$k_B T \ll \mu$ であることを考慮すると,求めた比熱はエネルギーの等分配則の予測よりかなり小さいことが式 (4.23) から示される.

また比熱の温度に比例する係数 γ は,フェルミエネルギーにおける状態密度に比例することがわかる.さらに式 (4.24) と例題 20 の式 (4.15) から,γ は電子の質量 m に比例する.固体における m の値は,バンドの効果や電子格子相互作用,電子間相互作用により

・式 (4.21) の μ に例題 20 の式 (4.19) を代入し,$k_B T \ll \mu_0$ の条件を用いて展開する.

→ 現実の固体では例題 14 で取り上げた格子振動による寄与を含めて,低温における固体の熱容量は $C_V = \gamma T + AT^3$ となる.

・このような見方は固体内の電子に対するローレンツ模型とよばれる.

真空中での電子の静止質量 ($m_e = 9.11 \times 10^{-31}$ kg) からずれることが知られている（これを質量の繰りこみとよぶ）. **重い電子状態**とよばれる状態を形成する物質では, 強い電子間相互作用により m は m_e の数百倍となることが γ の測定により見出されている.

例題 21 の発展問題

21-1. 本例題における内部エネルギーの表式 (4.21) を, 式 (4.20) からゾンマーフェルト展開を用いて導くことで確かめよ.

21-2. 自由なフェルミ粒子系のエントロピーを大正準集団の考えに基づいて求めよ. エントロピーの $T \to 0$ での振る舞いについて, 自由な古典粒子における振る舞いと比較してその物理的意味を考察せよ.

21-3. 基底状態にある電子気体の圧力を求め,

$$pV = \frac{2E}{3} \tag{4.25}$$

の状態方程式が成り立つことを示せ. ここで E は基底状態の内部エネルギーである.

例題 22 パウリの常磁性

体積 V の箱の中にある N 個の自由な電子系の磁性を考える. 一様な磁場 $\boldsymbol{H}$ 中での電子のスピン磁気モーメントとの相互作用は $\mathcal{H}_H = -\boldsymbol{\mu} \cdot \boldsymbol{H}$ となる. ここで, スピン演算子を用いて磁気モーメントは $\boldsymbol{\mu} = -g\mu_{\rm B}\boldsymbol{s}$ で表される. 量子化軸を磁場の方向に取ったとき, $s_z = 1/2$（上向きスピン）と $s_z = -1/2$（下向きスピン）の電子のエネルギーはそれぞれ

$$\varepsilon_\pm = \frac{\hbar^2}{2m}k^2 \pm \frac{g\mu_{\rm B}H}{2} \tag{4.26}$$

で与えられる.

(i) 上向きスピンと下向きスピンの電子数はそれぞれ

$$\begin{aligned} N_\pm &= \int_{-\infty}^{\infty} d\varepsilon\, D\left(\varepsilon \mp \frac{1}{2}g\mu_{\rm B}H\right) f_{\rm FD}(\varepsilon) \\ &= \int_{-\infty}^{\infty} d\varepsilon\, D(\varepsilon) f_{\rm FD}\left(\varepsilon \pm \frac{1}{2}g\mu_{\rm B}H\right) \end{aligned} \tag{4.27}$$

で与えられることを示せ. ここで $D(\varepsilon)$ は磁場の無い場合のスピン当たりの状態密度である.

(ii) 磁化（単位体積当たりの磁気モーメント）$M = -(N_+ - N_-)g\mu_{\rm B}/(2V)$ を求めよ. これから磁化率が

$$\begin{aligned} \chi &= -\frac{g^2\mu_{\rm B}^2}{2V} \int_{-\infty}^{\infty} d\varepsilon\, D(\varepsilon) f_{\rm FD}'(\varepsilon) \\ &= \frac{g^2\mu_{\rm B}^2}{2V} \int_{-\infty}^{\infty} d\varepsilon\, D'(\varepsilon) f_{\rm FD}(\varepsilon) \end{aligned} \tag{4.28}$$

で与えられることを示せ. ここで, ゼーマンエネルギーはフェルミエネルギーに比べて十分小さいとして, $\mu_{\rm B}H \ll \varepsilon_{\rm F}$ を用いた.

(iii) $T = 0$ の磁化率は

$$\chi = \frac{g^2\mu_{\rm B}^2 D(\varepsilon_{\rm F})}{2V} = \frac{3g^2 N\mu_{\rm B}^2}{8V\varepsilon_{\rm F}} \tag{4.29}$$

となることを示せ.

考え方

自由な電子系における磁化率を求める. 磁場と平行, 反平行のスピンをもつ電子のエネルギーはゼーマンエネルギーだけ増減する. このような状態に

エネルギーの低い準位から電子を詰めると，下向きスピンをもつ電子数が上向きスピンをもつ電子数より多くなり，これが磁化を発生させる．磁場の印加により発生する磁化の度合いを示すのが磁化率であり，低温ではフェルミ準位近傍の状態密度に比例するのが特徴である．

解答

(i) ゼーマン効果により，磁場が無い場合と比べて上向きスピンの電子は $g\mu_\mathrm{B} H/2$ だけエネルギーが高く，下向きスピンの電子は $g\mu_\mathrm{B} H/2$ だけエネルギーが低くなる．これを状態密度で表すと図のようになる．すなわち上向き/下向きスピンの電子の状態密度は，磁場がない場合の状態密度 $D(\varepsilon)$ を用いて，それぞれ

$$D_\pm(\varepsilon) = D(\varepsilon \mp g\mu_\mathrm{B} H/2) \qquad (4.30)$$

と書ける．したがって，各々のスピンをもつ電子の個数は

$$\begin{aligned} N_\pm &= \int_{-\infty}^{\infty} d\varepsilon D_\pm(\varepsilon) f_\mathrm{FD}(\varepsilon) \\ &= \int_{-\infty}^{\infty} d\varepsilon D(\varepsilon) f_\mathrm{FD}(\varepsilon \pm g\mu_\mathrm{B} H/2) \end{aligned} \qquad (4.31)$$

となる．

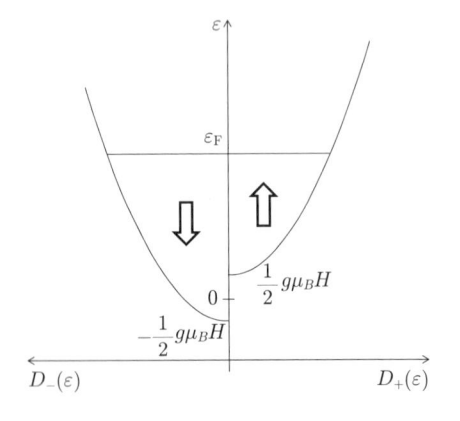

ワンポイント解説

(ii) 磁化はその定義から

$$M = -\frac{g\mu_\mathrm{B}}{2V} \int_{-\infty}^{\infty} d\varepsilon D(\varepsilon)$$
$$\times \left[f_\mathrm{FD}\left(\varepsilon + \frac{1}{2}g\mu_\mathrm{B}H\right) - f_\mathrm{FD}\left(\varepsilon - \frac{1}{2}g\mu_\mathrm{B}H\right) \right] \tag{4.32}$$

となる．$f_\mathrm{FD}(\varepsilon)$ において $\mu_\mathrm{B}H \ll \varepsilon_\mathrm{F}$ として H の 1 次まで展開することで

$$\begin{aligned} M &= -\frac{g^2\mu_\mathrm{B}^2 H}{2V} \int_{-\infty}^{\infty} d\varepsilon D(\varepsilon) f'_\mathrm{FD}(\varepsilon) \\ &= \frac{g^2\mu_\mathrm{B}^2 H}{2V} \int_{-\infty}^{\infty} d\varepsilon D'(\varepsilon) f_\mathrm{FD}(\varepsilon) \end{aligned} \tag{4.33}$$

となる．ここで部分積分を用いた．これを用いて磁化率は

$$\begin{aligned} \chi &= \left.\frac{\partial M}{\partial H}\right|_{H=0} \\ &= \frac{g^2\mu_\mathrm{B}^2}{2V} \int_{-\infty}^{\infty} d\varepsilon D'(\varepsilon) f_\mathrm{FD}(\varepsilon) \end{aligned} \tag{4.34}$$

となる．

・ここでは部分積分を行い，$\varepsilon \to \pm\infty$ において $D(\varepsilon)f_\mathrm{FD}(\varepsilon) \to 0$ となることを用いた．

(iii) $T=0$ で $f_\mathrm{FD} = \theta(\varepsilon_\mathrm{F} - \varepsilon)$ となるから，式 (4.34) の積分は $\int_{-\infty}^{\varepsilon_\mathrm{F}} d\varepsilon D'(\varepsilon)$ となり

$$\chi = \frac{g^2\mu_\mathrm{B}^2}{2V} D(\varepsilon_\mathrm{F}) = \frac{3g^2 N\mu_\mathrm{B}^2}{8V\varepsilon_\mathrm{F}} \tag{4.35}$$

が得られる．ここで，$D(\varepsilon_\mathrm{F}) = 3N/(4\varepsilon_\mathrm{F})$ を用いた．

ここで導かれた磁化率はパウリの常磁性とよばれる．例題 6 では電子が局在した場合の磁化率を調べ，それが式 (1.76) で示したように T^{-1} に比例することを示した（キュリーの法則）．本例題の場合は自由に動き回る電子を対象としており，低温でほぼ温度によらない一定値を示すことが特徴である．また，比熱（例題 21 の式 (4.24)）と同様に，磁化率の表式にフェルミ準位における状態密度が現れた．これはフェ

・実際の金属の磁化率はパウリの常磁性からの寄与とランダウの反磁性とよばれる寄与の和となる．後者の符号は負で，大きさは式 (4.35) の 1/3 であることが簡単な場合に示される．

ルミエネルギーに比べて磁場によるゼーマンエネルギーがはるかに小さく（発展問題22-1参照），フェルミ準位の近傍の電子が磁化率を担っているためである．

例題22の発展問題

22-1. 本例題において用いた $\mu_B H \ll \varepsilon_F$ の条件を確かめよう．真空中にある1個のボーア磁子が磁場と相互作用することによるゼーマンエネルギーを求める．磁場の大きさを 10^3Oe（エルステッド）$(= \frac{1}{4\pi} 10^3 \text{ A/m})$ としたとき，ゼーマンエネルギーの大きさを評価し，フェルミエネルギーと比較せよ．

22-2. パウリの常磁性による磁化率と，例題6で求めた局在スピン系における磁化率

$$\chi = n \frac{g^2 \mu_B^2}{4 k_B T} \tag{4.36}$$

の室温での値を比較せよ．ここで n は単位体積当たりの磁気モーメントの個数である．また上式は例題6の式 (1.76) において，$m = g\mu_B/2$ を代入したものである．

22-3. ゾンマーフェルト展開を用いることで，自由な電子系の低温における磁化率を温度の2次まで求めよ．

例題23 ボーズ・アインシュタイン凝縮

体積 V の 3 次元の立方体中にある，質量 m，スピンゼロの N 個の自由なボーズ粒子について考える．

(i) 全粒子数が

$$N = N_0 + \int_0^\infty D(\varepsilon) f_{\mathrm{BE}}(\varepsilon) d\varepsilon = N_0 + n_Q V \phi(3/2, z) \tag{4.37}$$

と表されることを示せ．ここで，$N_0 = 1/(e^{-\beta\mu} - 1)$ は最低準位を占有する粒子数であり，また，$n_Q = (mk_\mathrm{B}T/(2\pi\hbar^2))^{3/2}$ ならびに $z = e^{\beta\mu}$ である．発展問題 1-3 で導入した熱的ド・ブロイ波長を用いると $n_Q = 1/\lambda_T^3$ とも書ける．また $D(\varepsilon)$ は例題 19 で導出した一粒子状態密度である．$\phi(s, z)$ は

$$\phi(s, z) = \frac{1}{\Gamma(s)} \int_0^\infty dx \frac{x^{s-1}}{z^{-1}e^x - 1} \tag{4.38}$$

で定義される関数であり，$\Gamma(s)$ はガンマ関数である．

(ii) 温度の降下に伴い上式の第 1 項が N と同程度になることを示せ．この現象をボーズ・アインシュタイン凝縮とよび，これが生じる温度を転移温度 T_c とよぶ．

(iii) $T < T_c$ で化学ポテンシャルが $\mu = 0$ となることを示せ．また T_c を求めよ．

考え方

ボーズ粒子は一つのエネルギー準位を占有する粒子数の上限がない．このために，低温では最低エネルギー準位にすべての（N のオーダーの）粒子が占有することになる．これをボーズ・アインシュタイン凝縮とよぶ．この現象にボーズ・アインシュタイン分布関数がどのような役割を果たしているかを理解する．

解答

(i) 全粒子数はボーズ・アインシュタイン分布関数を用いて

$$N = \sum_i \frac{1}{e^{\beta(\varepsilon_i - \mu)} - 1} \tag{4.39}$$

ワンポイント解説

で与えられる．ここで最低エネルギー状態を $i=0$ とし，そのエネルギーを $\varepsilon_{i=0}=0$ とする．式 (4.39) 右辺の i に関する和を $i=0$ とその他の部分に分けることにする（分ける理由は後ほど述べる）．後者（これを N' と記す）の和をエネルギーに関する積分で表すと

$$N = N_0 + \int_0^\infty D(\varepsilon) f_{\mathrm{BE}}(\varepsilon) d\varepsilon \qquad (4.40)$$

となる．ここで $N_0 = [e^{-\beta\mu}-1]^{-1}$ ならびに $D(\varepsilon)$ は自由なボース粒子の状態密度であり

$$D(\varepsilon) = \frac{V}{4\pi^2}\left(\frac{2m}{\hbar^2}\right)^{3/2}\sqrt{\varepsilon} \qquad (4.41)$$

で与えられる．これを N' に代入すると

$$N' = \frac{V}{4\pi^2}\left(\frac{2m}{\hbar^2}\right)^{3/2}\int_0^\infty d\varepsilon \frac{\sqrt{\varepsilon}}{z^{-1}e^{\beta\varepsilon}-1} \qquad (4.42)$$

となる（下図参照）．積分変数を $\varepsilon \to x = \beta\varepsilon$ と変換して式を整理することで

$$N' = V n_Q \phi(3/2, z) \qquad (4.43)$$

が得られる．

・$\Gamma(3/2) = \sqrt{\pi}/2$ を用いた．

・式 (4.38) の関数 $\phi_s(z)$ はアッペル関数とよばれ，級数

$$\phi(s,z) = \sum_{n=1}^\infty (z^n/n^s)$$

で表される．ここで $|z|<1$ ならびに $\mathrm{Re}(s)>1$ である．

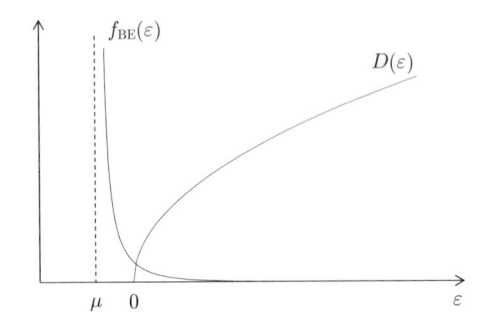

さて，$N = N_0 + N'$ とわざわざ二つに分ける点について

$$N = \sum_i \frac{1}{e^{\beta(\varepsilon_i-\mu)}-1} \qquad (4.44)$$

に戻って考えよう．ボーズ粒子では化学ポテンシャルは $\mu \leq 0$ であるので（発展問題 9-2 参照），$\varepsilon_i > 0$ である限り，和の各項は特異性をもたない．特異性があるとしたら，$\varepsilon_i = 0$ となる基底状態 $i = 0$ でかつ $\mu = 0$ となる場合で，このときは $i = 0$ の項のみで発散（この場合は 1 に比べて十分大きい $N \sim 10^{23}$ のオーダーという意味）する．後述のように，実際にある温度で $\mu \to 0$ となる．

さて，これが N' の積分表示の下限の効果として取り入れられているか調べるために

$$I = \int_0^\Delta \frac{\sqrt{\varepsilon}}{e^{\beta(\varepsilon-\mu)} - 1} d\varepsilon \qquad (4.45)$$

を考える．ここで積分の上限 Δ は $\Delta - \mu \ll 1/\beta$ の条件を満たすように取る．この条件から右辺は

$$I \simeq \int_0^\Delta \frac{\sqrt{\varepsilon}}{\beta(\varepsilon-\mu)} d\varepsilon \qquad (4.46)$$

となるが，この積分は実行できて $\mu \to 0$ でも発散しない．これらのことから積分表示では $i = 0$ かつ $\mu = 0$ の効果は正しく取り入れられないことがわかる．

(ii) (i) で導いた式

$$N = N_0 + n_Q V \phi(3/2, z) \qquad (4.47)$$

を考える．ボーズ粒子の化学ポテンシャルは $\mu \leq 0$ であるから，$0 \leq z = e^{\beta\mu} \leq 1$ である．$\phi(3/2, z)$ の定義からこれは z の増加関数であり，また $\phi(3/2, 1)$ はゼータ関数で表せ $\phi(3/2, 1) = \zeta(3/2) = 2.612\cdots$ となることから，$\phi(3/2, z)$ の上限は $2.612\cdots$ であることがわかる．ここで $n_Q = (mk_B T/2\pi\hbar^2)^{3/2}$ は $T^{3/2}$ に比例するから，この因子は温度の降下とともに減少し，式 (4.47) の右辺第 2 項 $n_Q V \phi(3/2, z)$ の上限も減少する．式 (4.47) の左辺は定数で固定されているから，第 2 項が減少して N のオーダーより小

・一般に，級数の一つの項が発散するとき，これを積分に直すことができないことを意味している．

・ゼータ関数は級数 $\zeta(s) = \sum_{n=1}^\infty (1/n^s)$ で表される．ここで $\mathrm{Re}(s) > 1$ である．

さくなると，これを補うように第1項が増大して N と同程度となる．これは温度が下がるとボース・アインシュタイン分布関数 $f_{\mathrm{BE}}(\varepsilon) = 1/(e^{\beta(\varepsilon-\mu)} - 1)$ が $\varepsilon > 0$ の準位においてゼロに近づくために，これらの準位に N 個の粒子を納めることができなくなることに起因している．

(iii) (ii) でその境目の温度を T_c とすると，これは式 (4.47) の第2項が N のオーダーとなる温度である．これは

$$n_Q(T_c)V\phi(3/2, z) \leq n_Q(T_c)V\phi(3/2, 1) \simeq N \quad (4.48)$$

の条件で与えられる．ここで $n_Q(T_c) = \left(\frac{mk_\mathrm{B}T_c}{2\pi\hbar^2}\right)^{\frac{3}{2}}$ である．これを T_c について解くと

$$k_\mathrm{B}T_c = \frac{2\pi\hbar^2}{m}\left(\frac{N}{\phi(3/2, 1)V}\right)^{2/3} \quad (4.49)$$

が得られる．このとき

$$N = N_0 + n_Q V\phi(3/2, z) \quad (4.50)$$

を $z = e^{\beta\mu}$ を用いて書き換えると

$$1 = \frac{1}{N}\frac{z}{1-z} + \frac{\phi(3/2, z)}{\phi(3/2, 1)}\left(\frac{T}{T_c}\right)^{3/2} \quad (4.51)$$

となる．これは与えられた温度で z を決定する方程式と見なせる．

まず N が大きいとき，右辺第1項の振る舞いを調べよう．$z \neq 1$ の場合は $z/(1-z)$ は有限であるから，N を十分大きくするとこれは0となる．しかしながら，z を1に近づけると第1項は急激に増大する．さて $T > T_c$ では，z が1以下のある値 z_0 のときに右辺第2項を1とすることができる．この場合，上式は $1 = 0 + 1$ となって $z = z_0$ が解であることがわかる．温度が減少し，T_c に近づくにつれて解となる z は1に限りなく近づく．したがって，化学ポテンシ

ャル μ は負から 0 に近づく．$T < T_c$ では式 (4.51) の右辺第 1 項が 1 と同程度，つまり z がほぼ 1 となり，$\mu = 0$ となる．

例題 23 の発展問題

23-1. 化学ポテンシャルを決定する式 (4.51) について，これを z の関数として様々な温度で図示することで，$T > T_c$ における化学ポテンシャルの温度変化を議論せよ．

23-2. $^4\mathrm{He}$ において粒子数密度が $N/V = 10^{22}\,\mathrm{cm}^{-3}$ の場合に T_c を求めよ．

23-3. 本例題において $T < T_c$ で N_0 の温度変化を求めよ．また内部エネルギーと熱容量を求めよ．

例題 24　ボーズ・アインシュタイン凝縮と次元性

一辺が L の 2 次元の正方形の箱に入った自由なボーズ粒子の集まりは，有限温度でボーズ・アインシュタイン凝縮を起こさないことを示せ．

考え方

ボーズ・アインシュタイン凝縮には系の次元性の違いが敏感に反映する．これは状態密度の最低エネルギー準位近傍の振る舞いが異なることによる．この点に注意してこの現象について再考察する．

‖解答‖

例題 23 と同様に，この系の全粒子数はボーズ・アインシュタイン分布関数を用いて

$$N = \sum_i \frac{1}{e^{\beta(\varepsilon_i - \mu)} - 1} \tag{4.52}$$

で与えられ，これを $i = 0$ とそれ以外に分ける．後者を積分で表示すると

$$N = N_0 + \int_0^\infty D(\varepsilon) f_{\mathrm{BE}}(\varepsilon) d\varepsilon \tag{4.53}$$

となる．状態密度は系の次元に大きく依存し，発展問題 19-1 で導いたように 2 次元の場合には

$$D(\varepsilon) = \frac{L^2}{4\pi} \left(\frac{2m}{\hbar^2} \right) \tag{4.54}$$

とエネルギーに依存しないことが特徴である．

式 (4.53) の右辺第 2 項を N' と書くと，2 次元では

$$\begin{aligned} N' &= \frac{L^2 2m}{4\pi \hbar^2} \int_0^\infty d\varepsilon \frac{1}{z^{-1} e^{\beta \varepsilon} - 1} \\ &= \frac{L^2 2m}{4\pi \hbar^2 \beta} \phi(1, z) \end{aligned} \tag{4.55}$$

となる．ここで $\phi(1, z)$ は式 (4.38) で定義されている．この関数の級数展開（例題 23 のワンポイント解説を参照）により

ワンポイント解説

$$\phi(1,z) \leq \phi(1,1) = \sum_{n=1}^{\infty} \frac{1}{n} \tag{4.56}$$

となり，この式の右辺は発散する．例題23の3次元の場合では N' に上限があり，温度の減少に伴って N' の項が減少して N 個の粒子を納めることができなくなることがボーズ・アインシュタイン凝縮の起源であった．一方，2次元の場合はこのようなことが生じない．

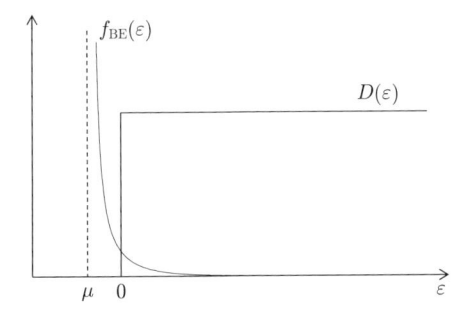

両者の違いは状態密度の違いに起因している．式 (4.53) で示されているように，基底状態以外の準位に N 個の粒子を収められるかどうかは第2項の被積分関数 $D(\varepsilon)f_{\mathrm{BE}}(\varepsilon)$ で決まる．$f_{\mathrm{BE}}(\varepsilon)$ は ($\varepsilon > \mu$ の範囲で) ε の減少関数であり，低温で $\varepsilon \sim \mu \sim 0$ 近傍で急激に増大することから，特に $D(\varepsilon)$ の $\varepsilon \sim 0$ の振る舞いが重要になる．3次元の場合は $D(\varepsilon) \propto \sqrt{\varepsilon}$ となるのに対して，2次元では $D(\varepsilon)$ は定数であり（上図参照），この差がボーズ・アインシュタイン凝縮の出現を決めている．

・1次元の場合については発展問題24-1で考察する．

例題 24 の発展問題

24-1. 一辺が L の 1 次元の箱に閉じ込められた自由なボーズ粒子について，ボーズ・アインシュタイン凝縮の有無について調べよ．

24-2. ボーズ粒子のエネルギーと波数の関係が $\varepsilon = vk$ で与えられる場合について，ボーズ・アインシュタイン凝縮の有無について調べよ．

24-3. これまでの例題では箱に閉じ込められた自由なボーズ粒子を考えてきた．ここでは質量 m の N 個のボーズ粒子が，3 次元調和振動子型のポテンシャル中に閉じ込められた場合を考える．調和振動子型ポテンシャルの形を $V(\mathrm{r}) = \frac{1}{2}K(x^2+y^2+z^2)$ とすると，エネルギー固有値は $E = \hbar\omega(n_x+n_y+n_z+3/2)$ となる．ここで $\omega = \sqrt{K/m}$ であり，(n_x, n_y, n_z) はそれぞれ 0 以上の整数である．零点エネルギー $3\hbar\omega/2$ を無視したとき，状態密度 $D(\varepsilon)$ が ε^2 に比例することを例題 14 の結果を参考にして示せ．また，この結果を用いてボーズ・アインシュタイン凝縮の有無について調べよ．

重要度 ★★★

5 相互作用のある系の統計力学

―――《 内容のまとめ 》―――

　凝縮体を形成する原子や電子の間には相互作用が働いている．もし粒子間に相互作用がなければ原子が液体や固体として形作られることもなく，すべてのものは一様な特徴の無いものになったであろう．自然界に存在する四種類の相互作用のうちで，凝集体の様々な性質に主要な役割を果たすのは電磁相互作用であり，これから派生した2次的な相互作用としてファン・デル・ワールス力やスピン間の交換相互作用などが知られている．粒子間の相互作用は電気抵抗や熱伝導など固体の輸送現象における散乱や緩和の原因となるとともに，気相—液相転移，強磁性転移，超伝導転移などの相転移現象を引き起こす起源でもある．最後の章では相互作用のある系の統計力学の初歩を紹介したい．

　これまでの例題で取り扱った系では，多数の粒子や構成要素は（ほぼ）独立で互いに相互作用がないことを仮定していた．このときのハミルトニアンは

$$\mathcal{H} = \sum_{i=1}^{N} \mathcal{H}_i \tag{5.1}$$

と表され，$\mathcal{H}_i$ は i 番目の構成要素に対するハミルトニアンである．多くの場合で各要素は等価であるから分配関数は

$$Z = \prod_{i=1}^{N} Z_i = (Z_1)^N \tag{5.2}$$

となる．Z_1 は一つの構成要素の分配関数であり，これは多くの場合で具体的に計算することができる．一方，相互作用がある場合のハミルトニアンは一般に

$$\mathcal{H} = \sum_{i=1}^{N} \mathcal{H}_i + \sum_{ij} \mathcal{H}_{ij} \tag{5.3}$$

と表され，第2項はi番目の構成要素とj番目の構成要素の相互作用項である．このために分配関数は式 (5.2) のように簡単な形にはならず，N 個の構成要素全体の分配関数をまともに評価しなければならない．

水素原子における原子核と電子のように，2粒子間のみに相互作用がある場合は二体問題とよばれる．相互作用が二つの粒子の相対距離で決まる場合には，ニュートン方程式やシュレディンガー方程式などの運動方程式を重心座標と相対座標で書き表すことが可能で，それぞれの運動方程式に分離することで二つの一体問題に帰着できる．三体問題以上は一般的に解くことが困難であり，18世紀から多くの有名な物理学者，数学者を悩ませた．固体内の電子と原子核からなる系は 10^{23} 体問題であり，これを厳密に解くことは少数の例外を除いて一般的に不可能である．これらを取り扱う問題は**相互作用のある系の問題**あるいは**多体問題**とよばれ，現代の最先端の研究テーマである．

相互作用のある系を統計物理学としてどのように取り扱うかについて，本章では最も典型的な模型である磁性体におけるイジング模型を例に取る．イジング模型は次式

$$\mathcal{H} = -J \sum_{\langle ij \rangle} s_{zi} s_{zj} + g\mu_{\mathrm{B}} H \sum_{i=1}^{N} s_{zi} \tag{5.4}$$

で表される．ここで s_{zi} は i サイトのスピンの z 成分である．この模型では固体の各格子点上に局在した粒子のスピン自由度のみを考える．第1項は最近接サイトのスピン間の相互作用であり，$J(>0)$ は交換相互作用でスピンの z 成分のみが相互作用に関与している．ここでスピンの大きさを s として，s_z は $s_z = s$ と $s_z = -s$ の2通りを取り，$\sum_{\langle ij \rangle}$ は最近接の i サイトと j サイトの対について和を取ることを意味する．第2項は z 方向にかけられた磁場 H とスピンとの相互作用であり，g は g 因子とよばれる定数，$\mu_{\mathrm{B}}(= e\hbar/(2m))$ はボーア磁子である．イジング模型と類似の模型として次式のハイゼンベルグ模型

$$\mathcal{H} = -J \sum_{\langle ij \rangle} \boldsymbol{s}_i \cdot \boldsymbol{s}_j + g\mu_{\mathrm{B}} H \sum_{i=1}^{N} s_{zi} \tag{5.5}$$

もよく知られている．ここでは相互作用がベクトルの内積で表されている．z 成分に加えて x 成分や y 成分が含まれており，これらはスピンの反転（量子スピンゆらぎ）を記述することから量子スピン模型とよばれている．本章では式 (5.4) を次のように書き換えた模型

$$\mathcal{H} = -J\sum_{\langle ij \rangle} \sigma_i \sigma_j - H\sum_{i=1}^{N} \sigma_i \tag{5.6}$$

を取り扱う．ここで σ_i は $+1$ と -1 を取る変数であり，$J/4$ ならびに $-g\mu_{\mathrm{B}}H/2$ を改めて J ならびに H と定義し直した．これと併せて本章では体積を V として $(1/V)\sum_i \langle \sigma_i \rangle$ を磁化とよぶことにする．イジング模型は相互作用をする多体系を記述する最も基本的な模型として広く知られており，磁性体の磁気的性質を記述するだけではなく，二元合金や気体の凝縮を取り扱う格子気体，さらには生体内のポリペプチドや DNA の転移や融解を記述する際に用いられている．

さて，簡単のために 1 次元格子上で式 (5.6) を考えよう．第 1 項において σ_i と $\sigma_{i\pm1}$ が相互作用をしているので，σ_i の運動方程式には $\sigma_{i\pm1}$ が現れる．さらに $\sigma_{i\pm1}$ と $\sigma_{i\pm2}$ とが相互作用をしているから，$\sigma_{i\pm1}$ の運動方程式には $\sigma_{i\pm2}$ が現れる．結局 σ_i の状態を知るためには，N 個すべてのスピンに対する運動方程式を解かなければならず，N 個の非線形連立微分方程式の問題となっていることがわかる．これを解くことは一般には絶望的である．

このように一般にイジング模型を解くことはできないが，例外として 1 次元と 2 次元の場合は厳密解が知られている．1 次元イジング模型の厳密解については例題 27 と例題 28 で取り扱う．3 次元以上では何らかの近似を用いないといけない．最も簡単な近似は平均場近似とよばれるものであり，例題 25 と例題 26 で詳しく紹介する．あるサイト（ここでは i サイト）のスピンに着目し，その最隣接サイトからの影響は空間的にも時間的にも平均的な場（平均場）として取り扱う近似である．このようにすることで，第 1 項の相互作用の効果は第 2 項の H と合わせて i サイトのスピンにかかる有効的な磁場と同じように取り扱うことができる．ただし，通常の磁場と異なり平均場は i サイト以外（たとえば j サイト）のスピンが作る**磁場**であり，これはスピンの熱平均値 $\langle \sigma_j \rangle$ と関係がある．この平均場のもとで決められる i サイトのスピンの平均値 $\langle \sigma_i \rangle$ は $\langle \sigma_j \rangle$ と同じであるべきなので，平均場とこれから得られるスピンの平均値を矛盾なく決めないといけない．この条件から得られる方程式は**自己無撞着方程式**とよばれる．この

自己無撞着方程式の解は，ある温度を境に $\langle \sigma_i \rangle = 0$ の高温の解から $\langle \sigma_i \rangle \neq 0$ の低温の解へと移り変わり，常磁性から強磁性への相転移を記述することができる．

　平均場近似のような近似の導入は相互作用のある系において必然的である．N 個の粒子やスピンが相互作用する系において，N 体問題や N 体状態をそのまま理解することは我々にとって大変困難である．近似の導入は単にそれにより分配関数が計算できるという技巧的な側面だけではなく，相互作用のある自然を我々がどのように理解したらよいか，切り込んでいったらよいかという疑問に一つの視点から答えを与えるものであり，極めて思想的な側面をもっている．本章の例題ではかなり技巧的で複雑な計算も伴っているが，それらにあまり振り回されること無く相互作用のある系の物理の本質を理解してほしい．

例題 25 イジング模型の平均場近似 I

結晶の格子点に局在した N 個の相互作用するスピンに対する模型として，式 (5.6) で導入したイジング模型

$$\mathcal{H} = -J \sum_{\langle ij \rangle} \sigma_i \sigma_j - H \sum_{i=1}^{N} \sigma_i \tag{5.7}$$

を考える．この系の熱力学的性質を以下のように平均場近似を用いて調べる．まず，右辺第 1 項においてスピン演算子を $\sigma_i = \langle \sigma \rangle + \delta \sigma_i$ として，平均値 $\langle \sigma \rangle$ と平均値からのゆらぎ $\delta \sigma_i$ に分ける．ゆらぎの 2 乗を無視することで，平均場近似のハミルトニアンとよばれる模型を導出せよ．つぎに，求めたハミルトニアンを用いて分配関数とヘルムホルツの自由エネルギーを求めよ．ここで，平均値 $\langle \sigma \rangle$ は i によらないとする．

考え方

相互作用のある系の最も典型的な模型として，イジング模型を考察する．一般的にこの模型の固有値・固有関数や分配関数を厳密に求めることはできない．ここでは最も簡単かつ物理的意味が明確な平均場近似を用いる．平均場近似ではまず任意のサイトのスピンに着目し，その周囲のスピンからの影響を時間や空間によらない平均値で置き換える．この結果として，注目したサイトのスピンの平均値が求まるが，これと周囲のスピンの平均値とは等しいことから平均値を求める．この方法は**分子場近似**あるいは**ブラッグ・ウィリアムズ近似**などともよばれる．

解答

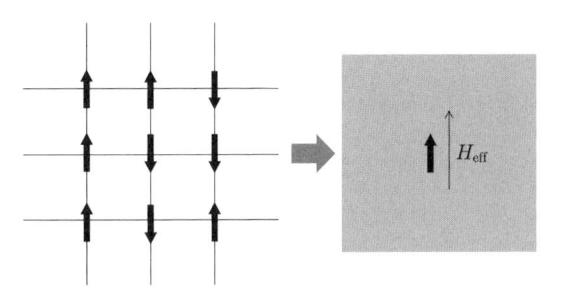

ワンポイント解説

スピン演算子 σ_i を $\sigma_i = \langle \sigma \rangle + \delta \sigma_i$ として，サイトに

依存しない平均値 $\langle\sigma\rangle$ と残りの項（ゆらぎ）$\delta\sigma_i$ とに分ける．ハミルトニアンの第 1 項にこれを代入し，ゆらぎが小さいとして $\delta\sigma_i$ の 2 乗を無視すれば

$$\begin{aligned}\mathcal{H}_J &= -J\sum_{\langle ij\rangle}\left(\langle\sigma\rangle+\delta\sigma_i\right)\left(\langle\sigma\rangle+\delta\sigma_j\right)\\ &= -J\sum_{\langle ij\rangle}\left(\sigma_i\langle\sigma\rangle+\sigma_j\langle\sigma\rangle-\langle\sigma\rangle^2\right)+\mathcal{O}(\delta\sigma^2)\\ &\simeq -Jz\langle\sigma\rangle\sum_i\sigma_i+\frac{1}{2}Jz\langle\sigma\rangle^2 N\end{aligned}\quad(5.8)$$

となる．ここで z は最近接サイトの数である．

磁場との相互作用項（ゼーマン項）を加えると，全体のハミルトニアンは

$$\begin{aligned}\mathcal{H} &= -(H+zJ\langle\sigma\rangle)\sum_i\sigma_i+\frac{JNz\langle\sigma\rangle^2}{2}\\ &= -H_{\mathrm{eff}}\sum_{i=1}^N\sigma_i+\frac{NzJ\langle\sigma\rangle^2}{2}\end{aligned}\quad(5.9)$$

となる．ここで

$$H_{\mathrm{eff}} = H+zJ\langle\sigma\rangle \quad(5.10)$$

であり，第 2 項は平均場あるいは分子場とよばれる．近似のおかげで互いに相互作用する N 個のスピン系の問題（多体問題）は，有効的な外場 H_{eff} 中のスピンの一体問題に置き換えられたことがわかる．H_{eff} が通常の磁場 H である場合は，すでに例題 6 でその性質が調べられている．

ハミルトニアンは $\mathcal{H}=\sum_i\mathcal{H}_i+\mathcal{H}_0$（ここで $\mathcal{H}_0$ は定数項）の形に表されており，$\mathcal{H}_i$ はすべてのサイトで等価であるから分配関数は $Z=(\Pi_i Z_i)Z_0=(Z_i)^N Z_0$ となる．i サイトに関する分配関数は

・ここで

$$\sum_{\langle ij\rangle}\sigma_i = z\sum_i\sigma_i$$

ならびに

$$\sum_{\langle ij\rangle}1 = \frac{1}{2}zN$$

を用いた．

ゆらぎの 2 乗を無視していることから，これが大きい場合には平均場近似は適切な近似ではないことが予想される．特に 1 次元格子においては平均場近似は定性的にも誤った結果を与えてしまう．これについては，例題 27 と例題 28 で詳しく議論する．

$$Z_i = \sum_{\sigma_i=(1,-1)} e^{-\beta \mathcal{H}_i} = \sum_{\sigma_i=(1,-1)} e^{\beta H_{\text{eff}} \sigma_i}$$
$$= 2 \cosh (\beta H_{\text{eff}}) \qquad (5.11)$$

となり，Z_0 は

$$Z_0 = \exp\left(-\beta \frac{NzJ\langle\sigma\rangle^2}{2}\right) \qquad (5.12)$$

である．したがって，全体の分配関数は

$$Z = \exp\left(-\beta \frac{NzJ\langle\sigma\rangle^2}{2}\right) 2^N \cosh^N (\beta H_{\text{eff}}) \qquad (5.13)$$

となる．これからヘルムホルツの自由エネルギーは

$$F = \frac{NzJ}{2}\langle\sigma\rangle^2 - Nk_{\text{B}}T \log\{2\cosh(\beta H_{\text{eff}})\} \qquad (5.14)$$

となる．

磁化は単位体積当たりのスピンの数を n として $M = n\langle\sigma\rangle$ であるが，すべてのスピンは同等であると考えているから一つのスピン（ここでは i サイトのスピン）に着目して $\langle\sigma_i\rangle (= \langle\sigma\rangle)$ を計算すればよい．これは

$$\langle\sigma_i\rangle = \frac{1}{Z}\left(\sum_{\sigma_1}\cdots\sum_{\sigma_i}\cdots\right)\sigma_i e^{-\beta\mathcal{H}}$$
$$= \frac{1}{Z_i}\sum_{\sigma_i=\pm 1}\sigma_i e^{-\beta\mathcal{H}_i}$$
$$= \tanh(\beta H_{\text{eff}}) \qquad (5.15)$$

となる．

式 (5.10) に示されているように，式 (5.15) の右辺に含まれる H_{eff} は通常の磁場と周囲のスピンが作る磁場との和になっており，これはまだ定まっていない．すべてのサイトは等価であるから，左辺の $\langle\sigma\rangle$ は右辺に含まれる $\langle\sigma\rangle$ と等しくなくてはいけない．つまり式 (5.15) はこれを定める方程式と見なすことができる．これは自己無撞着方程式とよばれ，次の例題で具体的に解く．

・分配関数は求められたが H_{eff} は未知であるから問題が解けたわけではない．これについては次の例題で調べる．

・Z_0，ならびに注目しているサイト以外の Z_i は分母と分子で打ち消す．

例題 25 の発展問題

25-1. 本例題の式 (5.15) では σ の平均値を計算することで磁化 M を計算したが，ヘルムホルツの自由エネルギーを磁場 H で微分することでも求められる．両者が一致することを確かめよ．

25-2. 平均場近似を一歩進めた方法としてベーテ近似というものが知られている．ここでは注目する i サイトのスピン σ_i とその最近接の z 個のスピン $\sigma_{i+\delta}$ は正確に取り扱うが，この外側のスピンの効果については平均場で置き換え，これを自己無撞着に決める．具体的に外場の無い場合の i サイトと $i+\delta$ サイトのスピンに関するハミルトニアンは

$$\mathcal{H}_i = -J\sigma_i \sum_\delta \sigma_{i+\delta} - H_{\text{eff}} \sum_\delta \sigma_{i+\delta} \tag{5.16}$$

で与えられる．ここで $\sum_\delta$ は i サイトの最近接サイトに関する和であり，H_{eff} はその外側のサイトのスピンによる平均場である．このハミルトニアンをもとに，i サイトとその最近接サイトに関する分配関数を求めよ．

25-3. 発展問題 25-2 に引き続いて，イジング模型におけるベーテ近似について考察する．前問題で求めた分配関数をもとに $\langle \sigma_i \rangle$ ならびに $\langle \sigma_{i+\delta} \rangle$ の表式を求めよ．i サイトと $i+\delta$ サイトは等価であるから，$\langle \sigma_i \rangle = \langle \sigma_{i+\delta} \rangle$ が成り立ち，これがベーテ近似における自己無撞着方程式となる．この方程式を求めよ．

例題 26　イジング模型の平均場近似 II

例題 25 で導いた $\langle\sigma\rangle$ に関する自己無撞着方程式を外部磁場がゼロの場合に解くことで，磁化が出現する温度（転移温度）を求めよ．また転移温度近傍において，磁化と磁化率の温度変化の振る舞いを調べよ．

考え方

例題 25 で求めた自己無撞着方程式は，以下で見るようにある温度（転移温度）を境に方程式の解の構造が変化する．グラフを使って方程式を具体的に解くことでその物理的な意味を考える．さらに転移温度近傍では様々な物理量の温度変化が具体的に評価できる．ここでは磁化と磁化率に関して計算する．

∥解答∥

外部磁場がゼロのときの自己無撞着方程式を改めて記すと

$$\langle\sigma\rangle = \tanh(\beta z J \langle\sigma\rangle) \tag{5.17}$$

となる．この式の左辺 $L = \langle\sigma\rangle$ と右辺 $R = \tanh(\beta z J \langle\sigma\rangle)$ を $\langle\sigma\rangle$ の関数としてプロットすると図のようになる．

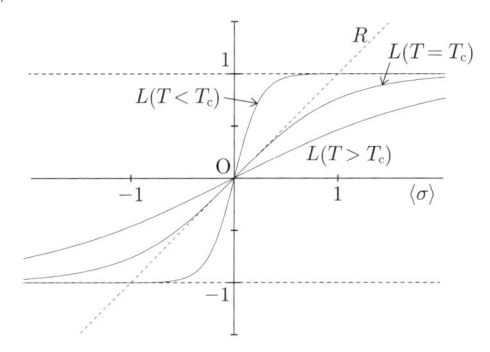

まず高温の極限 $(k_B T \gg zJ)$ では

$$R = \tanh(\beta z J \langle\sigma\rangle) \simeq 0 \tag{5.18}$$

であるから，$\langle\sigma\rangle = 0$ のみで両者は交点をもつことがわかる．一方，低温の極限 $(k_B T \ll zJ)$ では，右辺は $\langle\sigma\rangle = 0$

ワンポイント解説

でゼロから急激に立ち上がり，$\langle\sigma\rangle > 0$ では 1 となる．この場合は，$\langle\sigma\rangle = 0$ と $\langle\sigma\rangle \simeq \pm 1$ で二つの曲線は交点をもつ．したがってある温度を境に解の個数が変わる．この温度を転移温度とよび T_c と記す．

$T = T_c$ では $\langle\sigma\rangle = 0$ で二つの曲線が接することになる．この条件から T_c を求めよう．このとき，右辺は $\langle\sigma\rangle$ で展開することができて

$$R = \tanh(\beta zJ\langle\sigma\rangle) \simeq \frac{zJ\langle\sigma\rangle}{k_B T_c} \tag{5.19}$$

となる．これは左辺の $\langle\sigma\rangle$ に等しいので

$$k_B T_c = zJ \tag{5.20}$$

が得られる．

さて，$T > T_c$ では $\langle\sigma\rangle = 0$ のみが解となるので，これは $H = 0$ では磁化が現れない状態（常磁性状態）に相当する．一方 $T < T_c$ では $\langle\sigma\rangle = 0$ に加えて $\langle\sigma\rangle = \pm\sigma_0$ ($\sigma_0 > 0$) で解をもち，これは温度の降下とともに徐々に大きくなり，$T = 0$ で $\sigma_0 = 1$ となる．3 つの解のどれが物理的に意味のある解であるかについてはヘルムホルツの自由エネルギーを調べればよく，$\langle\sigma\rangle = \pm\sigma_0$ における自由エネルギーの値が等しく，これは $\langle\sigma\rangle = 0$ のものより低いことが示される（発展問題 26-1 参照）．自由エネルギーの低い二つの解は，磁化がある方向とその逆向きを向いた強磁性状態に対応する．

次に，T_c 近傍で磁化の振る舞いについて調べよう．自己無撞着方程式の右辺を $\langle\sigma\rangle$ が小さいとして展開すると

$$\langle\sigma\rangle = \tanh(\beta zJ\langle\sigma\rangle)$$
$$\simeq \frac{T_c}{T}\langle\sigma\rangle - \frac{1}{3}\left(\frac{T_c}{T}\langle\sigma\rangle\right)^3 + \cdots \tag{5.21}$$

となる．$\mathcal{O}(\langle\sigma\rangle^3)$ まで考慮して両辺を整理すると

・イジング模型のハミルトニアンはスピンに関して上向きと下向きが等価である．一方，$T < T_c$ ではすべてが上向きの強磁性状態もしくはすべてが下向きの強磁性状態のどちらか一方が実現する．これはハミルトニアンのもっていた対称性が磁場が無くても破れることを意味しており，**自発的対称性の破れ**とよばれる．

・$x \ll 1$ の場合
$$\tanh x \simeq x - \frac{1}{3}x^3 + \cdots$$
である．

$$\langle\sigma\rangle^2 = 3\left(\frac{T}{T_c}\right)^2\left(1 - \frac{T}{T_c}\right) \tag{5.22}$$

が得られる．したがって，単位体積当たりのスピンの数を n とすると，磁化の温度変化は

$$M = n|\langle\sigma\rangle|$$
$$\simeq n\sqrt{\frac{3}{T_c}}\sqrt{T_c - T} \tag{5.23}$$

となり，これは T_c 近傍で磁化が $\sqrt{T_c - T}$ に比例してゼロから成長することを示している（下図参照）．

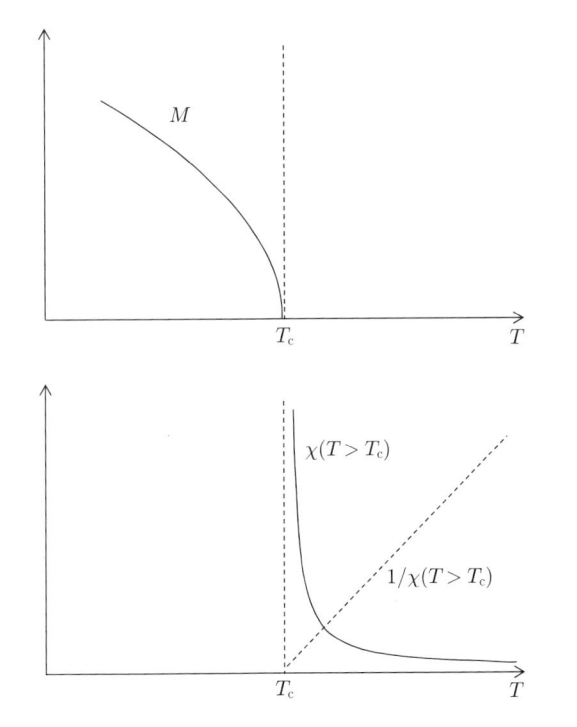

・磁化のような低温の秩序相を特徴づける物理量を**秩序変数**とよぶ．また，磁化率のような秩序変数と共役な外場に関する秩序変数の微分を**感受率**とよぶ．感受率は，外場に対して秩序変数がどのくらい敏感に変化するかを記述する．

次に，磁化率の振る舞いについて調べる．定義から

$$\chi = \frac{\partial M}{\partial H}\bigg|_{H=0} = n\frac{\partial|\langle\sigma\rangle|}{\partial H}\bigg|_{H=0} \tag{5.24}$$

である．例題 25 の式 (5.15) で導いた，磁場のある場合の自己無撞着方程式

$$\langle\sigma\rangle = \tanh\left[\beta\left(H + zJ\langle\sigma\rangle\right)\right] \tag{5.25}$$

に戻って，両辺を H で偏微分し $X \equiv \partial \langle \sigma \rangle / \partial H$ と置くと

$$X = \beta \frac{(1 + zJX)}{\cosh^2 [\beta (H + zJ\langle \sigma \rangle)]} \quad (5.26)$$

が得られる．$T > T_c$ では $\langle \sigma \rangle = 0$ であり，上式において $H = 0$ とすると

$$\chi = n\beta + zJ\beta\chi \quad (5.27)$$

が得られる．これを χ について解くと最終的に

$$\chi = \frac{n}{k_B(T - T_c)} \quad (5.28)$$

が得られる．磁化率は $T \to T_c+$ で $(T - T_c)^{-1}$ に比例して発散することがわかる（前ページの図参照）．これは T_c 近傍ではスピンがほとんど揃いかけており，わずかな磁場で大きな応答をするためである．このような $\chi^{-1} \propto (T - T_c)$ の振る舞いを，磁化率のキュリー・ワイスの法則とよぶ．

例題 26 の発展問題

26-1. $T < T_c$ では自己無撞着方程式に 3 つの解が存在した．それぞれの解に対するヘルムホルツの自由エネルギーを計算し，どの解が実現するか考察せよ．

26-2. 式 (5.17) の自己無撞着方程式は次のように数値計算により解くことができる．
  i) $\langle \sigma \rangle$ の値を仮定する．
  ii) これを用いて右辺を計算する．
  iii) 得られた結果を左辺とする．
  iv) これを最初の値と比較して，異なっていたら値を更新して ii) に戻る．一致していたら計算を終了する．
  これを逐次法という．この方法により磁化の温度依存性を数値的に求めよ．

26-3. イジング模型における平均場近似により内部エネルギーを求めることで，T_c 近傍の熱容量の温度変化について調べよ．

例題 27　1次元イジング模型の厳密解 I

1次元リング上のイジング模型

$$\mathcal{H} = -J \sum_{\langle ij \rangle} \sigma_i \sigma_j - H \sum_{i=1}^{N} \sigma_i \tag{5.29}$$

を考える．ここで周期境界条件 $\sigma_{N+1} = \sigma_1$ を用いる．このモデルは本例題と次の例題で述べるように，転送行列とよばれる方法を用いると厳密に解くことができる．

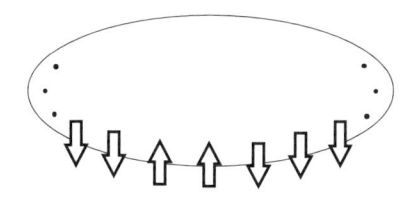

(i) まず磁場の無い場合に隣り合う二つのスピン (σ_1, σ_2) の問題を考えよう．このとき，1番目のサイトのスピン状態 $\sigma_1 = \pm 1$ を行列の行，2番目のサイトのスピン状態 $\sigma_2 = \pm 1$ を行列の列に対応させることで，2×2 の行列を考えることができる．このとき分配関数は

$$Z_1 = \sum_{\sigma_1 = \pm 1} \sum_{\sigma_2 = \pm 1} \left(\hat{Z}_1 \right)_{\sigma_1, \sigma_2} \tag{5.30}$$

と与えられることを示せ．ここで $\left(\hat{Z}_1 \right)_{\sigma_1, \sigma_2}$ は 2×2 の行列

$$\hat{Z}_1 = \begin{pmatrix} e^{\beta J} & e^{-\beta J} \\ e^{-\beta J} & e^{\beta J} \end{pmatrix} \tag{5.31}$$

の (σ_1, σ_2) 成分である．

(ii) 次に3個の互いに隣り合うスピン $(\sigma_1, \sigma_2, \sigma_3)$ の問題を考える．この系の分配関数は

$$Z_2 = \sum_{\sigma_1} \sum_{\sigma_3} \left(\hat{Z}_2 \right)_{\sigma_1, \sigma_3} \tag{5.32}$$

と表されることを示せ．ここで，$\hat{Z}_2 = \hat{Z}_1 \hat{Z}_1$ である．

(iii) これらの結果をもとに，N 個のスピンの問題を考える．この分配関数は

$$Z_N = \mathrm{Tr}\left[\hat{Z}_N\right] \tag{5.33}$$

と表されることを示せ．ここで $\hat{Z}_N = (\hat{Z}_1)^N$ であり，Tr は行列の対角和である．

(iv) $\hat{Z}_1$ の固有値を $\lambda_\pm$ とすると

$$Z_N = \lambda_+^N + \lambda_-^N \tag{5.34}$$

となることを示せ．

考え方

N 個のスピンが相互作用するイジング模型は多体問題であり，一般には厳密に解けない．しかしながら，本例題で取り上げた 1 次元の場合は，転送行列の方法を用いて分配関数を厳密に計算することができる（2 次元のイジング模型もオンサガーの方法により厳密に解ける）．ここでは分配関数の行列表示になれることでこの解法を学ぶ．

‖解答‖

(i) 2 個のスピンの場合の分配関数はその定義から

$$Z_1 = \sum_{\sigma_1}\sum_{\sigma_2} e^{-\beta E(\sigma_1, \sigma_2)} \tag{5.35}$$

で表される．ここで，$E(\sigma_1, \sigma_2)$ は 1 番目のサイトと 2 番目のサイトのスピン状態がそれぞれ σ_1, σ_2 であるときのエネルギーである．それらを具体的に求めることで

$$Z_1 = e^{\beta J} + e^{-\beta J} + e^{-\beta J} + e^{\beta J} \tag{5.36}$$

が得られる．これは式 (5.31) の 2×2 の行列 $\hat{Z}_1$ を用いて

$$Z_1 = \sum_{\sigma_1}\sum_{\sigma_2} \left(\hat{Z}_1\right)_{\sigma_1, \sigma_2} \tag{5.37}$$

と書ける．なお，σ_1 と σ_2 を行と列を指定するラベルとして $\hat{Z}_1$ を具体的に表すと

ワンポイント解説

$$\hat{Z}_1 = \begin{pmatrix} e^{-\beta E(1,1)} & e^{-\beta E(1,-1)} \\ e^{-\beta E(-1,1)} & e^{-\beta E(-1,-1)} \end{pmatrix}$$

となる.

(ii) 3個のスピンの分配関数は,その定義から

$$Z_2 = \sum_{\sigma_1}\sum_{\sigma_2}\sum_{\sigma_3} e^{-\beta[E(\sigma_1,\sigma_2)+E(\sigma_2,\sigma_3)]} \quad (5.38)$$

で表される.これは

$$Z_2 = \sum_{\sigma_1}\sum_{\sigma_2}\sum_{\sigma_3} \left(\hat{Z}_1\right)_{\sigma_1,\sigma_2} \left(\hat{Z}_1\right)_{\sigma_2,\sigma_3}$$
$$= \sum_{\sigma_1}\sum_{\sigma_3} \left(\hat{Z}_1\hat{Z}_1\right)_{\sigma_1,\sigma_3} \quad (5.39)$$

と表すことができる.

・一般に行列の $\hat{A}$ と $\hat{B}$ の積を成分で表すと
$\sum_{\sigma_2} \left(\hat{A}\right)_{\sigma_1,\sigma_2} \left(\hat{B}\right)_{\sigma_2,\sigma_3}$
$= \left(\hat{A}\hat{B}\right)_{\sigma_1,\sigma_3}$ となる.

(iii) 本例題で対象としている N 個のスピンの場合を考えよう.その分配関数は定義から

$$Z_N = \sum_{\sigma_1}\cdots\sum_{\sigma_N} e^{-\beta[E(\sigma_1,\sigma_2)+\cdots+E(\sigma_N,\sigma_1)]} \quad (5.40)$$

で与えられる.ここで,周期境界条件 $\sigma_{N+1} = \sigma_1$ を用いた.これは Z_2 と同様に

$$Z_N = \sum_{\sigma_1}\cdots\sum_{\sigma_N} \left(\hat{Z}_1\right)_{\sigma_1,\sigma_2}\cdots\left(\hat{Z}_1\right)_{\sigma_N,\sigma_1}$$
$$= \sum_{\sigma_1} \left(\hat{Z}_1^N\right)_{\sigma_1,\sigma_1} \quad (5.41)$$

と変形できるので,$\hat{Z}_N = \hat{Z}_1^N$ で新たな行列を導入すると

$$Z_N = \mathrm{Tr}\left[\hat{Z}_N\right] \quad (5.42)$$

が得られる.

(iv) $\hat{Z}_1$ を対角化するユニタリー行列を $\hat{U}$,対角化された行列を $\hat{\Lambda}$ とすると $\hat{U}\hat{Z}_1\hat{U}^{-1} = \hat{\Lambda}$ である.式 (5.42) から

$$Z_N = \mathrm{Tr}\left[\hat{Z}_1 \cdots \hat{Z}_1\right] \tag{5.43}$$

であるが，この $\hat{Z}_1$ の間に $\hat{U}^{-1}\hat{U} = 1$ を代入すると

$$Z_N = \mathrm{Tr}\left[(\hat{U}^{-1}\hat{U})\hat{Z}_1(\hat{U}^{-1}\hat{U})\cdots\hat{Z}_1\right] \tag{5.44}$$

となる．ここで $\hat{U}\hat{Z}_1\hat{U}^{-1} = \hat{\Lambda}$ と Tr における循環の性質を使うと

$$Z_N = \mathrm{Tr}\left[\Lambda^N\right] = \lambda_+^N + \lambda_-^N \tag{5.45}$$

が得られる．この結果は，$\hat{Z}_1$ の二つの固有値 λ_+ と λ_- がわかれば（これは発展問題 27-1 で求める），分配関数が厳密に陽に求まることを意味している．

> 対角和における循環の公式：
> $\mathrm{Tr}(AB\cdots YZ) = \mathrm{Tr}(ZAB\cdots Y)$
>
> ここで
> $$\begin{pmatrix} a & 0 \\ 0 & b \end{pmatrix}^N = \begin{pmatrix} a^N & 0 \\ 0 & b^N \end{pmatrix}$$
> を用いている．

例題 27 の発展問題

27-1. 式 (5.31) の $\hat{Z}_1$ の固有値 $\lambda_\pm$ ならびにこれを対角化するユニタリー行列 U を求めよ．

27-2. 1 次元のイジング模型において磁場が有限の場合は，ハミルトニアンのゼーマン項が

$$H\sum_{i=1}^N \sigma_i = H\frac{1}{2}\sum_{i=1}^N (\sigma_i + \sigma_{i+1}) \tag{5.46}$$

と書けることを用いると，分配関数について本例題と同様の取り扱いをすることができる．このとき $\hat{Z}_1$ の代わりに

$$\hat{Z}_1(H) = \begin{pmatrix} e^{\beta(J+H)} & e^{-\beta J} \\ e^{-\beta J} & e^{\beta(J-H)} \end{pmatrix} \tag{5.47}$$

を用いると，系の分配関数は

$$Z_N(H) = \mathrm{Tr}\left[\hat{Z}_N(H)\right] \tag{5.48}$$

と表されることを示せ．ここで，$\hat{Z}_N(H) = \hat{Z}_1(H)^N$ である．

27-3. 発展問題 27-2 における式 (5.47) の $\hat{Z}_1(H)$ を対角化することで，二つの固有値 $\lambda_+(H)$ と $\lambda_-(H)$ を求めよ．

例題 28　1 次元イジング模型の厳密解 II

例題 27 に引き続き 1 次元イジング模型

$$\mathcal{H} = -J \sum_{\langle ij \rangle} \sigma_i \sigma_j - H \sum_{i=1}^{N} \sigma_i \tag{5.49}$$

を考える．例題 27 ならびにその発展問題の結果を使って

(i) 磁場がゼロの場合のヘルムホルツの自由エネルギーを求め，これを用いて熱容量の温度変化を求めよ．
(ii) 磁場が有限の場合のヘルムホルツの自由エネルギーを求めよ．
(iii) 磁化を求め，有限温度 $T > 0$ では自発磁化（磁場が無いときの磁化）が生じないことを示せ．

考え方

例題 27 で詳しい解析を行ったように，1 次元のイジング模型においては磁場のある場合を含めて分配関数が厳密に求まるので，これをもとにヘルムホルツの自由エネルギーや磁化の解析的な表式が求められる．計算の結果，有限温度では自発磁化が出現しない（強磁性転移が生じない）ことが示される．この物理的な意味，ならびに平均場近似との結果の相違について考察する．

解答

(i) 例題 27 ならびに発展問題 27-1 から，磁場が無いときの分配関数は

$$Z_N = \lambda_+^N + \lambda_-^N \tag{5.50}$$

で与えられる．ここで λ_+ と λ_- は例題 27 の式 (5.31) に記した $\hat{Z}_1$ の固有値で $(\lambda_+, \lambda_-) = (2\cosh\beta J, 2\sinh\beta J)$ である．この式を

$$Z_N = \lambda_+^N \left\{ 1 + \left(\frac{\lambda_-}{\lambda_+} \right)^N \right\} \tag{5.51}$$

と書き直すと，T が有限であれば，$\lambda_-/\lambda_+ =$

ワンポイント解説

βJ が有限であれば $N \to \infty$ で $\tanh^N(\beta J) \to 0$ となる．

$\tanh \beta J < 1$ であるから，N が十分大きいときは

$$Z_N = 2^N \cosh^N (\beta J) \quad (5.52)$$

と表される.

これからヘルムホルツの自由エネルギーならびに内部エネルギーはそれぞれ

$$F = -N k_B T \log \left[2 \cosh (\beta J) \right] \quad (5.53)$$

ならびに

$$E = -NJ \tanh (\beta J) \quad (5.54)$$

となるので，これらを用いて熱容量は

$$C = N k_B \left(\frac{J}{k_B T} \right)^2 \frac{1}{\cosh^2 (J/k_B T)} \quad (5.55)$$

と厳密に求まる.

(ii) 磁場がある場合も (i) と同様に取り扱うことができる．$\hat{Z}_1(H)$ の固有値は

$$\lambda_{\pm}(H) = e^{\beta J} \cosh (\beta H)$$
$$\pm \sqrt{e^{-2\beta J} + e^{2\beta J} \sinh^2 (\beta H)} \quad (5.56)$$

である（発展問題 27-3 参照）．やはり $\lambda_-(H)/\lambda_+(H) < 1$ が成り立つから，ヘルムホルツの自由エネルギーは

$$F = -N k_B T \log \lambda_+(H) \quad (5.57)$$

となる.

(iii) 単位体積当たりのスピンの数を n とすると，磁化の定義から

$$M = -\frac{1}{V} \left(\frac{\partial F}{\partial H} \right)_{T,N} = n k_B T \frac{1}{\lambda_+(H)} \frac{\partial \lambda_+(H)}{\partial H}$$
$$(5.58)$$

ならびに

$$\frac{\partial \lambda_+(H)}{\partial H} = \beta \sinh(\beta H)$$
$$\times \left[e^{\beta J} + \frac{1}{\Gamma} e^{2\beta J} \cosh(\beta H) \right] \quad (5.59)$$

となる．ここで $\Gamma = \sqrt{e^{2\beta J} \sinh^2(\beta H) + e^{-2\beta J}}$ である．

上式で T を有限に保ったまま $H = 0$ とすると，$\lambda_+(H)$ は有限に留まるが，$\partial \lambda_+(H)/\partial H$ はゼロとなり，磁化はゼロとなる．この結果は，1次元イジング模型では有限温度で磁場がゼロの場合の磁化（自発磁化）がゼロであることを意味しており，有限温度で強磁性相転移が起きないことが厳密に示された．発展問題 28-3 で考察するように，1次元では熱ゆらぎによりスピンを乱雑にする効果が，交換相互作用によるスピンを揃える効果を常に上回ることで，このような著しいことが起きる．2次元イジング模型もオンサガーによる厳密解が知られており，ここではある温度を境に交換相互作用によりスピンを揃える効果が熱ゆらぎの効果を上回り，有限温度で強磁性相転移が起きる．

・秩序発生によるエネルギーの利得と乱雑さによるエントロピーの増大との拮抗が相転移の原因となっている．次元性の効果についての議論は発展問題 28-3 を参照．

例題 28 の発展問題

28-1. 例題 26 の平均場近似の計算では転移温度は $T_c = zJ/k_B$ であり，これは最近接サイト数 z とともに増大する．1次元鎖，2次元正方格子，3次元立方格子の場合に T_c を求め，本例題との相違の原因について考察せよ．

28-2. 平均場近似を超えた取り扱いとして，ベーテ近似法を発展問題 25-2 と 25-3 で説明した．そこで導出した自己無撞着方程式を解くことで転移温度が

$$T_c = \frac{2J}{k_B \log[z/(z-2)]}$$

で与えられることを示せ．1次元鎖，2次元正方格子，3次元立方格子の場合に T_c を求め，本例題ならびに平均場近似による結果と比較せよ．

28-3. 磁場の無い 1 次元イジング模型において,強磁性状態の安定性を以下のように考察する(パイエルスの議論).基底状態はすべてのスピンが平行で上向き,もしくはすべてが下向きの状態である.前者を 1 次元鎖の左からスピン状態を並べて $(\uparrow,\uparrow \cdots \uparrow)$ と表す.次に第一励起状態は,どこか一つのボンドでスピンが反平行となるような状態で,$(\uparrow,\uparrow \cdots \uparrow, \downarrow,\downarrow \cdots \downarrow)$ という状態である.このような状態は,格子中の N 個のボンドのどこに反平行スピン状態(キンクとよばれる)をつくるかで,およそ N 通りある.したがって,基底状態と第一励起状態のヘルムホルツの自由エネルギーの差は $\Delta F = \Delta U - T\Delta S \sim 2J - k_{\mathrm{B}}T \log N$ である.これから,有限温度における強磁性状態の安定性について議論せよ.

例題29 相転移のランダウ理論 I

強磁性体の転移温度 T_c 近傍の振る舞いについて，熱力学的な考察を行う．転移温度近傍では，磁化 M が小さいとしてヘルムホルツの自由エネルギーを M で展開する．これに磁場と磁化との相互作用に関する項 $-HM$ を加えたもの

$$\widetilde{F} = F_0 + aM^2 + bM^4 + \cdots - HM \tag{5.60}$$

をランダウの擬似自由エネルギーとよぶ．最後の項を除いて M の偶数次のべきで展開されるのは，磁場の無いときに系が時間反転対称性があることに起因している．また，F_0 は転移温度で大きな変化を示さない部分であり，ここでは定数と見なす．擬似自由エネルギーにおいて，M に関する変分が 0 となる M が，実現する M と解釈される．

上式における係数 a は $T = T_c$ で符号を変えるものとして，$a = a_0(T - T_c)$（a_0 は正の定数）とし，b を温度によらない正の定数とする．M^4 の項まで考えることで，磁化，磁化率，熱容量の T_c 近傍の振る舞いについて調べよ．

考え方

前例題までの相転移の議論では，スピン系の微視的なハミルトニアンから出発し，統計力学の原理に従って分配関数と熱力学量を計算した．本例題と次の例題ではこのような標準的な統計力学の考え方から離れて，相転移のランダウ理論と呼ばれる熱力学的現象論を紹介する．ここでは相転移温度近傍に着目し，磁化が小さいことを考慮して自由エネルギーを磁化のべき関数として展開して種々の物理量を計算する．計算が簡単であるのにもかかわらず，相転移に関する多くの知見が得られることに注目したい．このような取り扱いは強磁性相転移のみならず，一般の磁気構造の相転移，強誘電相転移や超伝導転移など幅広い相転移現象に拡張が可能である．

解答

まず自発磁化について考えよう.磁場の無い場合は $\widetilde{F}$ を M で微分したものをゼロと置くことで

$$2aM + 4bM^3 = 0 \tag{5.61}$$

が得られる.これは $M=0$ と $M^2 = -a/(2b)$ に解をもつが,後者が意味をもつのは $T<T_c$ の場合のみである.したがって,$T>T_c$ の場合は $M=0$ で $\widetilde{F}$ が極小値をもち,$T>T_c$ では $M=\pm\sqrt{a_0(T_c-T)/(2b)}$ で極小値,$M=0$ で極大値となる.これから $T<T_c$ で磁化は $|M|=\sqrt{a_0(T_c-T)/(2b)}$ に従って温度の降下とともに増大する.ランダウの擬似自由エネルギーの温度変化を図に示す.

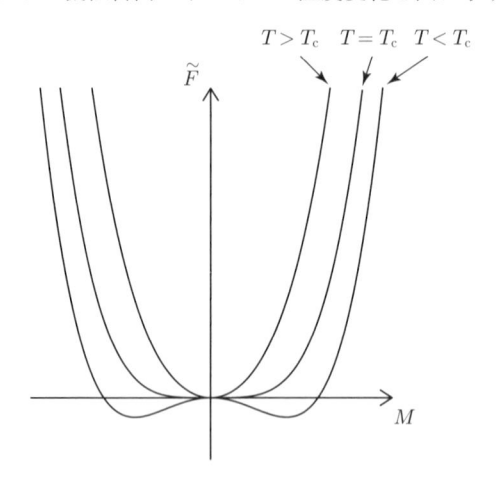

次に磁化率について考察する.磁場が有限の場合の擬似自由エネルギーに対して M について変分を取ると

$$2aM + 4bM^3 - H = 0 \tag{5.62}$$

が得られる.$T>T_c$ ではこの両辺を H で微分することで

$$2a\left(\frac{\partial M}{\partial H}\right)_T + 12bM^2\left(\frac{\partial M}{\partial H}\right)_T - 1 = 0 \tag{5.63}$$

が得られる.磁化率を求める際には $H=0$ とするので第 2 項で $M^2=0$ とすることで

ワンポイント解説

- $\widetilde{F}(M)$ の関数形自身にあまり意味をもたせることはできない.$T<T_c$ での M が小さい領域では,$\widetilde{F}(M)$ は M について上に凸 ($\partial^2\widetilde{F}/\partial M^2 < 0$) となっており,熱力学的安定性の条件から $\widetilde{F}$ をヘルムホルツの自由エネルギーと見なすことができない.これを M について変分を取った結果は物理的に意味があるので,あくまで変分を取るための関数と捉えるべきである.これを考慮して $\widetilde{F}(M)$ を擬似自由エネルギーとよんでいる.

$$\chi = \left.\frac{\partial M}{\partial H}\right|_{H=0} = \frac{1}{2a} = \frac{1}{2a_0(T-T_{\rm c})} \quad (5.64)$$

が得られる．一方 $T < T_{\rm c}$ では，磁化を自発磁化と磁場により誘起される磁化の和として $M = M_0 + \chi H$ と表せる．これを式 (5.62) に代入することで

$$2a(M_0 + \chi H) + 4b(M_0 + \chi H)^3 - H = 0 \quad (5.65)$$

が得られるが，H の最低次を考慮してこれを整理すると

$$\chi = \frac{1}{4a_0(T_{\rm c} - T)} \quad (5.66)$$

となる．$T_{\rm c} > T$ ならびに $T < T_{\rm c}$ ともに磁化率の温度変化は $1/|T - T_{\rm c}|$ に比例し，その係数は2倍違うことが示された．

次に熱容量を求めるにはエントロピーを

$$S = -\frac{\partial F}{\partial T} \quad (5.67)$$

の式から求める．$T > T_{\rm c}$ では $M = 0$ と置いてよいので，温度依存性は F_0 に由来するが，これは $T_{\rm c}$ で特異な振る舞いはないとしている．したがって

$$C = T\frac{\partial S}{\partial T} \quad (5.68)$$

から求められる熱容量は $T = T_{\rm c}$ 近傍で大きな依存性を示さないため，これを C_0 と置く．他方 $T < T_{\rm c}$ では上式から

$$S = -\frac{a_0^2}{4b}2(T_{\rm c} - T) - \frac{\partial F_0}{\partial T} \quad (5.69)$$

ならびに

$$C = \frac{a_0^2}{2b}T + C_0 \quad (5.70)$$

となる．したがって，$T = T_{\rm c}$ でエントロピーは連続に変化するが，その温度に関して一階の微分で表される熱容量は $\Delta C = a_0^2 T_{\rm c}/(2b)$ だけ不連続に増大する．これはこの

・一般にギブスの自由エネルギー G の1階微分が連続で，2階微分が不連続となるとき，この温度で2次相転移であるという．また G の1階微分が不連続で，G が連続であるとき，1次相転移であるという．相転移温度で2次相転移は比熱の不連続を，1次相転移はエントロピーの不連続を示す．

相転移が 2 次転移であることを意味している.

例題 29 の発展問題

29-1. 磁場 H が有限の場合のランダウの擬似自由エネルギーを M で変分することで, H を M の関数として得ることができる. この縦軸と横軸を入れ替えることで磁化の磁場依存性（いわゆる磁化曲線）をプロットせよ. このとき, $T < T_c$ で擬似自由エネルギーが不安定となる領域に注意せよ.

29-2. 熱容量, 磁化, 磁化率の $T = T_c$ 近傍の特異な温度依存性をそれぞれ $C \propto |T - T_c|^{-\alpha}$, $M \propto |T - T_c|^{\beta}$, $\chi \propto |T - T_c|^{-\gamma}$ と表す. ここで α, β, γ は臨界指数とよばれる. 例題 25 と例題 26 で取り扱った平均場近似, ならびに本例題の擬似自由エネルギーの取り扱いにおいて臨界指数を求め, それらが $\alpha + 2\beta + \gamma = 2$ の関係を満たすことを示せ. ただし, 熱容量が T_c で不連続となる場合は $\alpha = 0$ とする. この関係式はスケーリング則とよばれる.

29-3. 本例題で考察したランダウの擬似自由エネルギーは以下のように修正することで 1 次相転移を扱うことができる. 擬似自由エネルギーの式において, M に関する 6 次の項まで考慮する. ここで M^2 の係数を $a_0(T - T_0)$ (ただし $a_0 > 0$), M^4 の係数 b を温度によらない負の定数, M^6 の係数 c を温度によらない正の定数とする. このとき転移温度が $T_c = T_0 + b^2/(4a_0 c)$ で与えられ, T_c で磁化が不連続に変化することを示せ.

例題 30　相転移のランダウ理論 II（空間依存性のある場合）

例題 29 のランダウの相転移理論を磁化が空間的に一様でない場合に拡張する．座標 r 近傍の磁化を $M(r)$ としてランダウの擬似自由エネルギーを

$$\widetilde{F} = \int dr \left\{ aM(r)^2 + bM(r)^4 + D\left[\boldsymbol{\nabla} M(r)\right]^2 - H(r)M(r) \right\} \quad (5.71)$$

と表す．ここで $\boldsymbol{\nabla}$ は r に関する勾配であり，$H(r)$ は空間的に一様でない磁場である．例題 29 と同様に $M(r)^2$ の係数は $a = a_0(T - T_c)$ として，a_0, b, D はすべて正の定数とする．この式は $\widetilde{F}$ が $M(r)$ ならびに $\boldsymbol{\nabla} M(r)$ の汎関数（関数の関数）であることを意味している．

(i) 擬似自由エネルギーを $M(r)$ と $\boldsymbol{\nabla} M(r)$ に関して変分を取ることで，$M(r)$ と $\boldsymbol{\nabla} M(r)$ に関する方程式を導け．

(ii) 空間的に一様でない磁場として波数 k の周期をもつ磁場 $H(r) = \Delta H e^{i\boldsymbol{k}\cdot\boldsymbol{r}}$ を考える．磁場の無い場合は磁化は一様であるとしてその値を M とし，周期的な磁場のために磁化が M から $M + \Delta M e^{i\boldsymbol{k}\cdot\boldsymbol{r}}$ に変化すると考える．一般的な磁化率を

$$\chi_{\boldsymbol{k}} = \left.\frac{\partial \Delta M}{\partial \Delta H}\right|_{\Delta H = 0} \quad (5.72)$$

としたとき，$\chi_{\boldsymbol{k}}$ を (i) で導出した方程式から求めよ．

考え方

例題 29 の相転移の考察を，磁化ならびに磁場が空間的に不均一な場合に拡張する．擬似自由エネルギーは，磁化の空間依存性ならびにその空間座標に関する勾配が与えられると決まるので，これらの汎関数（関数の関数）である．ここでは，空間的に周期的な磁場により生じる周期的な磁化の応答として，一般的な磁化率を導入する．この考察により相関距離とよばれる相転移の理解において重要な物理量を導入する．

解答

[図: $M(r)$ と $M(r)+\delta M(r)$ の概形。擬似自由エネルギー $\tilde{F}$ と $\tilde{F}+\delta\tilde{F}$]

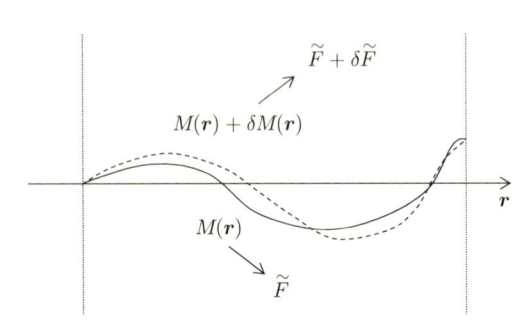

(i) $\tilde{F}$ は $M(r)$ と $\nabla M(r)$ の汎関数であり，$\tilde{F}$ が停留値を取るときのこれらの関数形を探すのが目的である．いま $M(r)$ と $\nabla M(r)$ の関数形をわずかに変化させて $M(r)+\delta M(r)$ と $\nabla M(r)+\delta\nabla M(r)$ としたとき，擬似自由エネルギーが $\tilde{F}$ から $\tilde{F}+\delta\tilde{F}$ になったとする．その模式図を上に示す．$\tilde{F}$ の被積分関数は擬似自由エネルギー密度とよばれ

$$f[M(r), \nabla M(r)] = aM(r)^2 + bM(r)^4 + D[\nabla M(r)]^2 - H(r)M(r) \tag{5.73}$$

と記す．このとき

$$\begin{aligned}\delta\tilde{F} &= \int d\boldsymbol{r}\Big\{f[M(r)+\delta M(r), \nabla M(r)+\delta\nabla M(r)] \\ &\qquad - f[M(r), \nabla M(r)]\Big\} \\ &= \int d\boldsymbol{r}\left\{\frac{\partial f}{\partial M(r)}\delta M(r) + \frac{\partial f}{\partial \nabla M(r)}\delta\nabla M(r)\right\} \\ &= \int d\boldsymbol{r}\left\{\frac{\partial f}{\partial M(r)} - \nabla\frac{\partial f}{\partial \nabla M(r)}\right\}\delta M(r)\end{aligned} \tag{5.74}$$

となる．停留値の条件 $\delta\tilde{F}=0$ から

$$\frac{\partial f}{\partial M(r)} - \nabla\frac{\partial f}{\partial \nabla M(r)} = 0 \tag{5.75}$$

ワンポイント解説

・式 (5.71) の $\tilde{F}$ のような，関数 $M(r)$ や $\nabla M(r)$ の関数形が定まると，その値が定まるものを汎関数とよぶ．$M(r)$ や $\nabla M(r)$ の関数形をわずかに変化させたときの $\tilde{F}$ の変化の割合を，通常の関数の微分と同じように考えて汎関数微分とよぶ．

・$\delta\nabla M(r) = \nabla\delta M(r)$

・ここで第 2 項について部分積分を用いた．

が得られる．これはいわゆる変分論におけるオイラー方程式である．左辺を具体的に計算すると

$$2aM(\bm{r}) + 4bM(\bm{r})^3 - 2D\bm{\nabla}^2 M(\bm{r}) - H(\bm{r}) = 0 \tag{5.76}$$

の方程式が得られる．

(ii) 磁場ならびに磁化をそれぞれ $H(\bm{r}) = \Delta H e^{i\bm{k}\cdot\bm{r}}$, $M(\bm{r}) = M + \Delta M e^{i\bm{k}\cdot\bm{r}}$ として，上の方程式に代入する．ΔM の 1 次まで考慮すると

$$\begin{aligned}(2aM + 4bM^3) + (2a + 12bM^2 + k^2 2D) \Delta M e^{i\bm{k}\cdot\bm{r}} \\ - \Delta H e^{i\bm{k}\cdot\bm{r}} = 0\end{aligned} \tag{5.77}$$

となる．ここで $k = |\bm{k}|$ である．

$T > T_c$ では $M = 0$ としてよいから，式 (5.72) で定義される一般化された磁化率は

$$\begin{aligned}\chi_k &= \frac{1}{2\left[a_0(T - T_c) + Dk^2\right]} \\ &= \frac{\chi_0(T > T_c)}{1 + k^2\xi^2}\end{aligned} \tag{5.78}$$

となる．ここで，$\chi_0(T > T_c) = 1/[2a_0(T - T_c)]$ は例題 29 で求めた $T > T_c$ における一様な磁場に対する磁化率（式 (5.64)）であり，また，$\xi^2 = D/|a_0(T - T_c)|$ を導入した．ξ は相関距離とよばれる距離の次元をもつ物理量で，スピンがどのくらいの距離にわたって相関をもつかの目安を与える．上式から $T \to T_c + 0$ で $\xi \to \infty$ となり，相転移温度に近づくにつれてスピンの相関が無限大（系の端から端まで）となることを意味している（ξ が相関距離とよばれる所以は発展問題で考察する）．

$T < T_c$ では，例題 29 の結果 $M^2 = -a/(2b)$ を用いると

・2 次相転移の転移温度では相関距離が無限大となるため，特徴的な長さが無くなる．これが発展問題 29-2 で調べたスケーリング則の起源となっている．1 次転移では相関距離は転移点においても有限に留まるため，スケーリング則は成り立たない．

$$\chi_k = \frac{1}{-4a_0(T-T_c)+2Dk^2}$$
$$= \frac{\chi_0(T<T_c)}{1+k^2\xi^2/2} \tag{5.79}$$

となる.ここで,$\chi_0(T<T_c) = 1/[4a_0(T_c-T)]$ は例題 29 の式 (5.66) で求めた $T<T_c$ における一様な磁場に対する磁化率である.

例題 30 の発展問題

30-1. 本例題で導入した ξ が相関距離とよばれる所以を,以下の発展問題 30-1, 30-2, 30-3 で考える.イジング模型をスピン間相互作用項 $\mathcal{H}_J$ とゼーマン項 $\mathcal{H}_H = -\sum_{i=1}^N H_i\sigma_i$ に分ける.ここで磁場 H_i はサイトに依存するものとした.σ_i と H_i のフーリエ成分をそれぞれ σ_k ならびに H_k とすると,$\mathcal{H}_H = -\sum_k \sigma_k H_{-k}$ となることを示せ.

30-2. 本例題の式 (5.72) と同様に,一般化された磁化率を $\chi_k = \left(\frac{\partial \langle \sigma_k \rangle}{\partial H_k}\right)_{H_k=0}$ とする.$T>T_c$ でこれを計算することで $\chi_k = \langle \sigma_k \sigma_{-k} \rangle/(k_B T)$ となることを示せ.ここで $\langle \sigma_k \sigma_{-k} \rangle$ はスピン相関関数とよばれる.上式はスピンのゆらぎと磁場に対する応答関数(磁化率)との関係を表し,(第 2 種の)揺動散逸定理とよばれる.

30-3. 本例題の式 (5.78) により $\chi_k = C/(1+k^2\xi^2)$ が示された.ここで,C は定数である.相関関数 $\langle \sigma_i \sigma_j \rangle$ をフーリエ変換し,発展問題 30-2 で導いた χ_k と $\langle \sigma_k \sigma_{-k} \rangle$ との関係式,ならびに上式を用いることで,相関関数 $\langle \sigma_i \sigma_j \rangle$ のサイト間距離に対する依存性を求めよ.この結果から ξ が相関距離とよばれる理由を考察せよ.

6 発展問題解答

1 章の発展問題

1-1. ギブスの因子を考慮しないと，ヘルムホルツの自由エネルギーは

$$F = -k_\mathrm{B} T \log Z = -N k_\mathrm{B} T \log \left[V \left(\frac{2\pi m k_\mathrm{B} T}{h^2} \right)^{\frac{3}{2}} \right]$$

となる．N と V を共に x 倍したときに F も x 倍となれば示量性の量であるが，そのような性質はないことがわかる．

1-2. 系のハミルトニアンは $\mathcal{H} = \sum_{i=1}^{3N} p_i^2/(2m)$ であるので，エネルギーが E 以下の状態数は

$$\begin{aligned} W(E) &= \frac{1}{N! h^{3N}} \int_{\sum_{i=1}^{3N} p_i^2 \leq 2mE} dp_1 \cdots dp_{3N} \int dq_1 \cdots dq_{3N} \\ &= \frac{V^N}{N! h^{3N}} \int_{\sum_{i=1}^{3N} p_i^2 \leq 2mE} dp_1 \cdots dp_{3N} \end{aligned}$$

で与えられる．運動量に関する積分は半径 $\sqrt{2mE}$ の $3N$ 次元の球の体積であるので，n 次元球の体積の公式を用いると

$$W(E) = \frac{V^N}{N! h^{3N}} \frac{(2\pi m E)^{3N/2}}{\Gamma\left(\frac{3N}{2}+1\right)}$$

となる．ここで x が整数の場合は $\Gamma(x+1) = x!$ であるから，エネルギーが E から $E + \delta E$ の間にある状態数は

$$\frac{dW(E)}{dE} \delta E = \frac{V^N}{N! \left(\frac{3N}{2}-1\right)!} \left(\frac{2\pi m E}{h^2} \right)^{3N/2} \frac{\delta E}{E}$$

となる．よって，系のエントロピーは

$$S(E) = k_{\rm B} \log\left(\frac{dW(E)}{dE}\delta E\right)$$
$$= Nk_{\rm B}\left[\frac{5}{2} + \log\left\{\frac{V}{N}\left(\frac{4\pi mE}{3h^2 N}\right)^{3/2}\right\}\right]$$

と求まる．ここで $\delta E \ll E$，ならびにスターリングの公式 $\log N! \simeq N\log N - N$ を用いた．これから

$$\frac{1}{T} = \left(\frac{\partial S}{\partial E}\right)_{V,N} = \frac{3}{2}Nk_{\rm B}\frac{1}{E}$$

となり

$$E = \frac{3}{2}Nk_{\rm B}T$$

が得られる．これにより，エントロピーを温度の関数として書き換えると

$$S = Nk_{\rm B}\left[\frac{5}{2} + \log\left\{\frac{V}{N}\left(\frac{2\pi mk_{\rm B}T}{h^2}\right)^{3/2}\right\}\right]$$

を得る．これは式 (1.29) と一致する．

1-3. 本例題の式 (1.29) で S がゼロとなる目安を与えるのは，かっこ内の対数の真数が 1 となることである．この条件は λ_T を用いると

$$\lambda_T \simeq \left(\frac{V}{N}\right)^{1/3}$$

と表される．右辺は粒子間のおおよその距離を与えるので，$\bar{r}$ と書くことにする．したがって，$\lambda_T \gg \bar{r}$ のとき本例題の取り扱いは困難をきたすことを意味している．エネルギーの等分配則 $\varepsilon = m\sum_{i=x,y,z}\langle v_i^2\rangle/2 = m\langle v^2\rangle/2 = 3k_{\rm B}T/2$ を用いると，熱的ド・ブロイ波長は

$$\lambda_T = \frac{h}{m\sqrt{2\pi\langle v^2\rangle/3}}$$

とも表される．古典力学と量子力学との対応関係 $mv \to h/\lambda$ を考慮すると，λ_T は $k_{\rm B}T$ 程度のエネルギーをもつ粒子の物質波（ド・ブロイ波）の波長と考えられる．したがって，上記の条件は，温度の降下に伴って物質波の波長が増大し，粒子間距離と同程度となると古典統計力学に困難が生じ，量子統計力学的な取り扱いが必要であることを意味している．

2-1. 調和振動子はそれぞれ x 方向に加え y 方向, z 方向にも振動できるため, 本例題の 1 次元調和振動子に比べ自由度が 3 倍になる. これにより, 分配関数は本例題の結果の 3 乗の $Z = (k_\mathrm{B}T/\hbar\omega)^{3N}$ となり, 内部エネルギーは 3 倍の $E = 3Nk_\mathrm{B}T$ になる. 熱容量も 3 倍の $C = (\partial E/\partial T) = 3Nk_\mathrm{B}$ となる.

2-2. ギブスの因子を考慮すると, 分配関数は
$$Z = \frac{1}{N!}\left(\frac{k_\mathrm{B}T}{\hbar\omega}\right)^N$$
となる. これからヘルムホルツの自由エネルギーを計算すると
$$F = -k_\mathrm{B}T \log Z = -Nk_\mathrm{B}T \log\left(\frac{k_\mathrm{B}T}{\hbar\omega}\right) + k_\mathrm{B}T \log N!$$
$$= -Nk_\mathrm{B}T\left[\log\left(\frac{k_\mathrm{B}T}{\hbar\omega}\right) + 1\right] + Nk_\mathrm{B}T \log N$$

となる. ここで, スターリングの公式 $\log N! \simeq N\log N - N$ を用いた. 上式右辺に示量性の量ではない項 $Nk_\mathrm{B}T\log N$ が現れる.

例題 1 では, 粒子は体積 V の中を自由に運動しており, ヘルムホルツの自由エネルギーの表式に体積 V が現れるが, ギブスの因子により V/N となり, 最終的にヘルムホルツの自由エネルギーが示量性の量となった. 一方, 調和振動子の質点の運動は局在しており, 個々の調和振動子はそれぞれの中心位置を指定することで区別できる. このため, ギブスの因子が不要である. 自由粒子の場合とは異なり, ヘルムホルツの自由エネルギーの表式に体積 V は現れないことに注意.

2-3. 系のハミルトニアンは
$$\mathcal{H} = \sum_{i=1}^{N}\left[\frac{p_i^2}{2m} + \frac{1}{2}m\omega^2 q_i^2\right]$$

と与えられる. $\mathcal{H} \leq E$ を満たす状態数は
$$W(E) = \frac{1}{h^N}\int_{\mathcal{H}\leq E}\prod_{i=1}^{N}dq_i dp_i$$

により計算できる. ここで, $x_i = p_i/\sqrt{2m}$ ならびに $x_{N+i} = \sqrt{m/2}\omega q_i$ と変数変換をすると, $\mathcal{H} = \sum_{i=1}^{2N}x_i^2$ ならびに $dp_i dq_i = (2/\omega)dx_i dx_{N+i}$ となるので

$$W(E) = \frac{1}{h^N} \left(\frac{2}{\omega}\right)^N \int_{\sum_{i=1}^{2N} x_i^2 \leq E} \prod_{i=1}^{2N} dx_i$$

となる．積分は $2N$ 次元における半径 $\sqrt{E}$ の球の体積であるが，n 次元球の体積の公式を用いれば

$$\int_{\sum_{i=1}^{2N} x_i^2 \leq E} \prod_{i=1}^{2N} dx_i = \frac{E^N \pi^N}{\Gamma(N+1)}$$

となる．これより状態数は

$$W(E) = \left(\frac{2E\pi}{h\omega}\right)^N \frac{1}{\Gamma(N+1)} = \left(\frac{E}{\hbar\omega}\right)^N \frac{1}{N!}$$

であり，$E \sim E + \delta E$ の間に含まれる状態数は

$$\frac{dW(E)}{dE}\delta E = \left(\frac{E}{\hbar\omega}\right)^{N-1} \frac{1}{(N-1)!}\frac{\delta E}{\hbar\omega}$$

と求まる．よって，エントロピーは

$$\begin{aligned}
S(E) &= k_B \log\left(\frac{dW(E)}{dE}\delta E\right) \\
&= (N-1)k_B \log\frac{E}{\hbar\omega} + k_B \log\frac{\delta E}{\hbar\omega} - k_B \log(N-1)! \\
&= Nk_B \log\frac{E}{\hbar\omega} - Nk_B \log N + Nk_B
\end{aligned}$$

となる．ここで，$\delta E \ll E$ ならびにスターリングの公式 $\log N! \simeq N\log N - N$ を用いた．熱力学の関係式 $1/T = (\partial S/\partial E)_N$ より $E = Nk_B T$ であることが示されるので，上式を書き換えると

$$S = Nk_B \left[1 + \log\frac{k_B T}{\hbar\omega}\right]$$

を得る．これは本例題の式 (1.39) と一致する．

3-1. エネルギー E で指定されるハミルトニアンの固有状態を考える．エネルギー E を有する固有状態が W 個あるとすると，小正準集団の考えに基づいて

$$p_{\text{MCA}}(l) = \frac{1}{W}$$

と与えられる．これをエントロピーの定義に代入すると

$$S = -k_{\mathrm{B}} \sum_{l=1}^{W} p_{\mathrm{MCA}}(l) \log p_{\mathrm{MCA}}(l) = k_{\mathrm{B}} \log W$$

を得る．これはボルツマンの関係式である．

3-2. 大正準集団の考えに基づくと粒子数 N, エネルギー $E_{N,l}$ で指定される状態の出現確率は

$$p_{\mathrm{GCA}}(N,l) = \frac{1}{Z_G} e^{-\beta(E_{N,l} - \mu N)}$$

である．ここで，Z_G は

$$Z_G = \sum_{N=0}^{\infty} \sum_{l} e^{-\beta(E_{N,l} - \mu N)}$$

で与えられる．これをエントロピーの表式に代入すると

$$\begin{aligned}
S &= -k_{\mathrm{B}} \sum_{N,l} p_{\mathrm{GCA}}(N,l) \log p_{\mathrm{GCA}}(N,l) \\
&= -k_{\mathrm{B}} \sum_{N,l} \frac{1}{Z_G} e^{-\beta(E_{N,l}-\mu N)} \log \frac{1}{Z_G} e^{-\beta(E_{N,l}-\mu N)} \\
&= \frac{k_{\mathrm{B}}}{Z_G} \sum_{N,l} e^{-\beta(E_{N,l}-\mu N)} \left[\log Z_G + \beta\left(E_{N,l} - \mu N\right) \right] \\
&= k_{\mathrm{B}} \log Z_G + \frac{\langle E \rangle_\Omega}{T} - \frac{\mu \langle N \rangle_\Omega}{T}
\end{aligned}$$

が得られる．上式と熱力学の関係式 $\Omega = E - TS - \mu N$ を比較することで $\Omega = -k_{\mathrm{B}} T \log Z_G$ としたことが妥当であることがわかる．

3-3. 本例題の式 (1.45) から物理量 $\hat{A}$ の統計力学的平均値は

$$\langle \hat{A} \rangle_\Omega = \sum_l p(l) \langle l | \hat{A} | l \rangle$$

と与えられる．正準集団の $p(l)$ は《内容のまとめ》の式 (1.19) で与えられるが，これは

$$p(l) = \frac{e^{-\beta E_l}}{Z} = \frac{\langle l | e^{-\beta \mathcal{H}} | l \rangle}{Z}$$

と書き換えられる．したがって，

$$\langle \hat{A} \rangle_\Omega = \sum_l \frac{1}{Z} \langle l|e^{-\beta\mathcal{H}}|l\rangle\langle l|\hat{A}|l\rangle = \sum_{lm} \frac{1}{Z} \langle l|e^{-\beta\mathcal{H}}|m\rangle\langle m|\hat{A}|l\rangle = \sum_l \frac{1}{Z} \langle l|e^{-\beta\mathcal{H}}\hat{A}|l\rangle$$
$$= \frac{1}{Z} \mathrm{Tr}\left(\hat{A} e^{-\beta\mathcal{H}}\right)$$

となる．ここで，$\mathcal{H}|l\rangle = E_l|l\rangle$ ならびに対角和に関する循環の公式 $\mathrm{Tr}[\hat{A}\hat{B}] = \mathrm{Tr}[\hat{B}\hat{A}]$ を用いた．

4-1. 本例題の式 (1.63) の z_1 についての表式を

$$z_1 = \sum_{n=1}^\infty \exp\left[-\beta \frac{\hbar^2}{2m}\left(\frac{\pi}{L}\right)^2 n^2\right] = \sum_{n=1}^\infty \exp\left[-\frac{n^2}{\alpha^2}\right]$$

とする．$\alpha = L\sqrt{2m/\beta}/(\hbar\pi)$ を定数として，和の記号の中の式を n を引数とする関数と考える．n は 1 を単位として離散的に変化するが，$\alpha \gg 1$ であれば n の変化に対してこの関数の変化は緩やかであり，n を連続変数と見なしてよい．このとき，和 $\sum_{n=1}^\infty$ を積分 $\int_0^\infty dn$ に置き換えることができる．条件 $\alpha \gg 1$ は

$$k_\mathrm{B} T \gg \frac{\hbar^2}{2m}\left(\frac{\pi}{L}\right)^2$$

と書き換えられ，右辺は粒子のエネルギー準位間隔の目安を与える．

4-2. 本例題で求めたエネルギー固有値より，全系のエネルギーは

$$E = \frac{\hbar^2}{2m}\left(\frac{\pi}{L}\right)^2 \sum_{i=1}^{3N} \boldsymbol{n}_i^2$$

と与えられる．ここで $\boldsymbol{n}_i = (n_{ix}, n_{iy}, n_{iz})$ は i 番目の粒子の取る量子数であり，n_{ix} などは正の整数である．エネルギー E 以下の状態数は，$\boldsymbol{n}_i$ ($i = 1 \sim 3$) で張られる $3N$ 次元空間において半径が

$$n = \sqrt{\frac{2mE}{\hbar^2}\left(\frac{L}{\pi}\right)^2}$$

の球内の第 1 象限に含まれる格子点の数に等しい．$3N$ 次元には 2^{3N} 個の象限があることに注意すると，これは

$$W(E) = \frac{V^N}{h^{3N}} \frac{(2\pi mE)^{3N/2}}{\Gamma\left(\frac{3N}{2}+1\right)}$$

となる．これにギブスの因子 $1/N!$ を考慮したものは発展問題 1-2 で得た状態数と等しい．これから得られるエントロピーも例題 1 ならびに発展問題 1-2 の結果と等しくなる．

4-3. 内部エネルギーは

$$\langle E \rangle = \frac{1}{Z} \sum_i E_i e^{-\beta E_i} = -\frac{\partial}{\partial \beta} \log Z$$

と表される．さらに上式を β で微分すると

$$\frac{\partial \langle E \rangle}{\partial \beta} = -\frac{1}{Z} \sum_i E_i^2 e^{\beta E_i} + \frac{1}{Z^2} \left(\sum_i E_i e^{\beta E_i} \right)^2 = -\langle E^2 \rangle + \langle E \rangle^2$$

となるので，この右辺は $-(\Delta E)^2$ である．理想気体の内部エネルギーが $\frac{3}{2}Nk_{\mathrm{B}}T$ であることは例題 1 の式 (1.30) から示されており，これは本例題の式 (1.65) を用いても導ける．したがって，

$$\frac{\partial \langle E \rangle}{\partial \beta} = -\frac{3}{2} N \frac{1}{\beta^2}$$

となる．これらの結果からエネルギーのゆらぎは

$$\frac{\Delta E}{\langle E \rangle} = \sqrt{\frac{2}{3N}}$$

となり，これは $N \to \infty$ でゼロとなる．

5-1. エネルギーが Δ である粒子が M 個のときに，全エネルギーは $E = (N-M)0 + M\Delta = M\Delta$ となる．このときの状態数は N 個の中から M 個を選び出す場合の数に等しい．すなわち

$$W(E) = \frac{N!}{M!(N-M)!} = \frac{N!}{\left(\frac{E}{\Delta}\right)! \left[N - \frac{E}{\Delta}\right]!}$$

と与えられる．この結果を用いてエントロピーは

$$S = k_{\rm B} \log W(E)$$
$$= k_{\rm B} \left[N \log N - \frac{E}{\Delta} \log \frac{E}{\Delta} - \left(N - \frac{E}{\Delta}\right) \log \left(N - \frac{E}{\Delta}\right) \right]$$

となる．ここでスターリングの公式 $\log N! \simeq N \log N - N$ を用いた．熱力学の関係式より

$$\frac{1}{T} = \left(\frac{\partial S}{\partial E}\right)_N = \frac{k_{\rm B}}{\Delta} \log \frac{N - \frac{E}{\Delta}}{\frac{E}{\Delta}}$$

が得られるので，これより

$$E = \frac{N\Delta}{1 + e^{\beta\Delta}}$$

となる．これを用いてエントロピーを書き換えると

$$S = Nk_{\rm B} \left[\log\left(1 + e^{-\beta\Delta}\right) + \beta\Delta \frac{1}{1 + e^{\beta\Delta}} \right]$$

を得る．また，ヘルムホルツの自由エネルギーは

$$F = E - TS = -Nk_{\rm B}T \log\left(1 + e^{-\beta\Delta}\right)$$

となる．これらの結果は例題5の正準集団を用いた理論の計算と一致する．

5-2. 低温および高温においてエントロピーは

$$S = \begin{cases} Nk_{\rm B}\beta\Delta e^{-\beta\Delta} & (k_{\rm B}T \ll \Delta) \\ Nk_{\rm B}\left[\log 2 - \frac{1}{8}(\beta\Delta)^2\right] & (k_{\rm B}T \gg \Delta) \end{cases}$$

となる．$T \to 0$ で $S \to 0$ となることがわかるが，これは，絶対零度においてはすべての粒子がエネルギーが0の状態を取ることで，状態数が1であることを意味する．一方，$T \to \infty$ では $S \to Nk_{\rm B} \log 2$ となる．各々の粒子が0または Δ の二つの状態を等しい確率で取り得るため，各粒子がエントロピーに $k_{\rm B} \log 2$ の寄与をしている．

これらの結果を用いて，低温および高温において熱容量 $C = T(\partial S/\partial T)$ は

$$C = \begin{cases} Nk_{\rm B}\left(\beta\Delta\right)^2 \exp\left(-\beta\Delta\right) & (k_{\rm B}T \ll \Delta) \\ Nk_{\rm B}\left(\beta\Delta/2\right)^2 & (k_{\rm B}T \gg \Delta) \end{cases}$$

となる．特に $T \to 0$ において熱容量は指数関数的に $C \to 0$ となる．これは各粒子のエネルギー準位に大きさ Δ のギャップがあるために，これより十分温度が低いときにはエネルギーの温度変化が生じ難いことに起因する．一方，$T \to \infty$ の高温極限においても $C \to 0$ となるが，これは高温において系のエネルギーが $N\Delta/2$ の値に飽和するために，やはり，エネルギーの温度変化が生じ難いことに起因している．

5-3. M 個の吸着点に N 個の分子が吸着する場合の数は

$$_MC_N = \frac{M!}{N!(M-N)!}$$

であり，そのときの系のエネルギーは

$$E = N(-\varepsilon) + (M-N)0 = -N\varepsilon$$

である．この系の大分配関数は

$$Z_G = \sum_{N=0}^{M} {_MC_N} e^{-\beta(E-\mu N)} = \sum_{N=0}^{M} {_MC_N} e^{\beta(\varepsilon+\mu)N} = \left[1 + e^{\beta(\varepsilon+\mu)}\right]^M$$

となる．ここで二項定理

$$(x+y)^M = \sum_{N=0}^{M} {_MC_N} x^N y^{M-N}$$

を用いた．粒子数の平均値は

$$\langle N \rangle = \frac{1}{Z_G} \sum_{N=0}^{M} N \, _MC_N e^{-\beta E} e^{\beta N \mu}$$

であるが，この式は

$$\langle N \rangle = \frac{1}{\beta} \frac{\partial}{\partial \mu} \log Z_G$$

と変形できるので

$$\langle N \rangle = \frac{M}{1 + e^{-\beta(\varepsilon+\mu)}}$$

となる．したがって，M 個の吸着点の中で吸着されている割合は

$$\frac{\langle N \rangle}{M} = \frac{1}{1 + e^{-\beta(\varepsilon+\mu)}}$$

である．

6-1. 上向きの磁気モーメントの数を L 個とすると，下向きの磁気モーメントの数は $N-L$ 個であり，系全体の磁気モーメントは $mL-(N-L)m=(2L-N)m$，エネルギーは $E=(N-2L)mH$ である．体積を V として磁化は $(2L-N)m/V$ であるから，磁化とエネルギーとの関係は $M=-E/(HV)$ である．この系はエネルギー準位の間隔が $\Delta=-2mH$ である 2 準位系と同等に扱える．したがって，小正準集団による取り扱いは発展問題 5-1 と同様の計算となる．これからエントロピーは

$$S = Nk_{\rm B}\left[\log\left(1+e^{\beta 2mH}\right) - \beta 2mH\frac{1}{1+e^{-\beta 2mH}}\right]$$

となる．熱力学の関係式 $T^{-1}=(\partial S/\partial E)_N$ から，エネルギーと温度の関係として

$$E = -\frac{2mHN}{1+e^{-\beta 2mH}} + NmH$$

が得られる．ここで右辺第 2 項は，発展問題 5-1 と比較して本例題はエネルギーの原点が NmH だけ大きいことに由来している．磁化は $M=-E/(HV)$ を用いると $n=N/V$ として

$$M = \frac{2mn}{1+e^{-\beta 2mH}} - nm = nm\frac{1-e^{-\beta 2mH}}{1+e^{-\beta 2mH}}$$
$$= nm\tanh(\beta mH)$$

となり，例題 6 の結果と等しいことが示された．磁化率は

$$\chi = n\frac{m^2}{k_{\rm B}T}$$

である．

6-2. N 個から確率 $1/2$ で $N/2 + I$ 個を選ぶ二項分布は，N と I が十分大きいときには正規分布となることが中心極限定理により知られており，その分布関数は

$$\rho(I) = \sqrt{\frac{2}{\pi N}} \exp\left(-\frac{2I^2}{N}\right)$$

となる．全状態数は 2^N であるから，上向きの磁気モーメントの個数が $N/2 + I$ 個となる状態数は

$$W(I) = 2^N \sqrt{\frac{2}{\pi N}} \exp\left(-\frac{2I^2}{N}\right)$$

となる．これを用いてエントロピーは

$$S = k_\mathrm{B} \log W(I) = k_\mathrm{B} \log\left(2^N \sqrt{\frac{2}{\pi N}}\right) - \frac{2k_\mathrm{B} I^2}{N}$$

となる．磁気モーメントの大きさを m，磁場を H とすると，エネルギーと I との関係 $E = -2mIH$ から上式は

$$S = k_\mathrm{B} \log\left(2^N \sqrt{\frac{2}{\pi N}}\right) - \frac{2k_\mathrm{B} E^2}{N(2mH)^2}$$

とも表される．したがって，温度とエネルギーの関係は

$$\frac{1}{T} = \left(\frac{\partial S}{\partial E}\right)_N = -\frac{4E k_\mathrm{B}}{N(2mH)^2}$$

となる．体積を V とすると磁化は $M = 2mI/V$ と与えられるので，磁化とエネルギーとの関係は $E = -VMH$ となる．これを上式に代入して M を求めると

$$M = n \frac{m^2 H}{k_\mathrm{B} T}$$

が得られる．これは例題 6 で求めた磁化の高温極限の表式 (式 (1.77)) に等しい．

6-3. 各磁気モーメントは独立なので，まず i 番目の磁気モーメントのみを考える．i 番目の磁気モーメントの z 成分が $\mu_z = g\mu_\mathrm{B} m \ [m = (-J, -J+1, \cdots J)]$ で与えられるので，そのエネルギーは

$$E_i = -\mu_z H$$

であり，分配関数は

$$Z_i = \sum_{m=-J}^{J} \exp(-\beta E_i) = \sum_{m=-J}^{J} \exp(\beta g\mu_B H m)$$
$$= \frac{\sinh\left[\beta g\mu_B H \left(J + \frac{1}{2}\right)\right]}{\sinh\left(\frac{\beta g\mu_B H}{2}\right)}$$

となる．ここで

$$\sum_{\mu=-J}^{J} x^\mu = x^{-J} \sum_{\mu=0}^{2J} x^\mu = x^{-J} \frac{1 - x^{2J+1}}{1 - x} = \frac{x^{J+1/2} - x^{-J-1/2}}{x^{1/2} - x^{-1/2}}$$

を用いた．全系の分配関数は

$$Z = Z_i^N$$

となるので，ヘルムホルツの自由エネルギーは

$$F = -k_B T \log Z = -N k_B T \log \frac{\sinh\left[\beta g\mu_B H \left(J + \frac{1}{2}\right)\right]}{\sinh\left(\frac{\beta g\mu_B H}{2}\right)}$$

となる．単位体積当たりのスピンの個数を n とすると，磁化は

$$M = n k_B T \frac{\partial}{\partial H} \log \frac{\sinh\left[\beta g\mu_B H \left(J + \frac{1}{2}\right)\right]}{\sinh\left(\frac{\beta g\mu_B H}{2}\right)}$$
$$= n g\mu_B J B_J(\beta g\mu_B J H)$$

である．ここでブリルアン関数は

$$B_J(x) = \left(1 + \frac{1}{2J}\right) \coth\left[\left(1 + \frac{1}{2J}\right) x\right] - \frac{1}{2J} \coth \frac{x}{2J}$$

である．この関数が $x \ll 1$ のときに

$$B_J(x) \simeq \frac{J+1}{3J} x$$

となることを用いると，磁化率は

$$\chi = \left.\frac{\partial M}{\partial H}\right|_{H=0} = \frac{n(g\mu_B)^2 J(J+1)}{3 k_B T}$$

となる．

2章の発展問題

7-1. 本例題と同様の表記法を用いると,フェルミ粒子の場合の可能な占有状態は,$(1,1,1)$ のみである.つまり,場合の数は $_3C_3 = 1$ 通りである.

ボース粒子の場合の可能な状態は,$(1,1,1), (2,1,0), (2,0,1), (1,2,0), (0,2,1), (1,0,2), (0,1,2), (3,0,0), (0,3,0), (0,0,3)$ である.これらの総数は,3 個のボールと $3-1=2$ 個の仕切りを合わせた 5 個の中から,2 個の仕切りを選ぶ場合の数,すなわち $_{3+2}C_2 = 10$ に等しい.

マクスウェル・ボルツマン統計に従う古典粒子の取り得る状態数は,例題と同様の表記法を用いると $(1,1,1), (1,1,2), \cdots (3,3,3)$ となり,その総数は $3^3 = 27$ 通りである.

7-2.
(フェルミ粒子)

M 個の箱から粒子を入れる N 個の箱を選ぶ場合の数に等しく

$$_MC_N = \frac{M!}{(M-N)!N!}$$

で与えられる.

(ボース粒子)

N 個の粒子と $M-1$ 個の仕切りを合わせた $N+M-1$ 個から,$M-1$ 個の仕切りを選び出す場合の数に等しく

$$_{N+M-1}C_{M-1} = \frac{(N+M-1)!}{(M-1)!N!}$$

で与えられる.

(マクスウェル・ボルツマン統計に従う古典粒子)

一粒子当たり M 個の状態を取れるので場合の数は M^N となる.なお修正マックスウェル・ボルツマン統計で因子 $1/N!$ を考慮すると,場合の数は

$$\frac{M^N}{N!}$$

で与えられる.

上記の表式において $N \ll M$ で表される粒子が希薄な場合を考えると,フェルミ粒子の場合の数は

$$_MC_N = \frac{M!}{(M-N)!N!}$$
$$= \frac{M^N}{N!}1\left(1-\frac{1}{M}\right)\left(1-\frac{2}{M}\right)\cdots\left(1-\frac{N-1}{M}\right)$$
$$\simeq \frac{M^N}{N!}$$

となり，またボーズ粒子の場合の数は

$$_{N+M-1}C_{M-1} = \frac{(N+M-1)!}{(M-1)!N!}$$
$$= \frac{M^N}{N!}\left(1+\frac{N-1}{M}\right)\left(1+\frac{N-2}{M}\right)\cdots 1$$
$$\simeq \frac{M^N}{N!}$$

となり，両者とも修正マクスウェル・ボルツマン統計の結果と一致する．

7-3. 粒子のエネルギーを低い方から $(\varepsilon_1 < \varepsilon_2 < \cdots < \varepsilon_M)$ とし，i 番目の準位を占める粒子数を n_i とする．
フェルミ粒子の場合は，エネルギーの低い準位から順番に N 番目の状態まで，1個ずつ粒子が占有した状態が基底状態となる．この状態は

$$n_i = \begin{cases} 1 & (i \leq N) \\ 0 & (i \geq N+1) \end{cases}$$

の1通りであり，縮退数は1である．
ボーズ粒子の場合は，N 個の粒子がすべて最低状態を占有する状態が基底状態となる．その状態は

$$n_i = \begin{cases} N & (i = 1) \\ 0 & (i \geq 2) \end{cases}$$

の1通りであり，縮退数は1である．
最後にマクスウェル・ボルツマン統計に従う古典粒子の基底状態を考える．j 番目の粒子 $(j=1,2,\cdots,N)$ の状態を i_j $(i_j=1,2,\cdots)$ で指定すると，基底状態はすべての粒子が最低エネルギー状態 $i_j=1$ を占有する状態であり，基底状態

の縮退数は 1 である．

8-1. 各量子状態の占有数は 0 もしくは 1 であるから N の上限は 4 である．このとき式の左辺は

$$\sum_{N=0}^{4} \sum_{\{n_i\}_N} \mathrm{e}^{-\beta(\varepsilon_1-\mu)n_1} \mathrm{e}^{-\beta(\varepsilon_2-\mu)n_2} \mathrm{e}^{-\beta(\varepsilon_3-\mu)n_3} \mathrm{e}^{-\beta(\varepsilon_4-\mu)n_4}$$

となる．和の記号 $\sum_{N=0}^{\infty}\sum_{\{n_i\}_N}$ は，全粒子数 を固定した条件のもとで各量子状態が取り得る粒子数に対して和を取ることを意味する．これを (n_1, n_2, n_3, n_4) で表すと

$N=0$ のとき $(0,0,0,0)$ の 1 通り，
$N=1$ のとき $(1,0,0,0)$, $(0,1,0,0)$, $(0,0,1,0)$, $(0,0,0,1)$ の 4 通り，
$N=2$ のとき $(1,1,0,0)$, $(1,0,1,0)$, $(1,0,0,1)$, $(0,1,1,0)$, $(0,1,0,1)$,
$(0,0,1,1)$ の 6 通り，

などとなる．これは各量子状態の占有数を 0 と 1 で独立に和を取ることと等価である．つまり，(n_1, n_2, n_3, n_4) において，n_1 から n_4 をそれぞれ独立に $n_1 = (0,1)$, $n_2 = (0,1)$ などとしても，同じものが一つずつ得られる．これを式に表すと

$$(1+\mathrm{e}^{-\beta(\varepsilon_1-\mu)})(1+\mathrm{e}^{-\beta(\varepsilon_2-\mu)})(1+\mathrm{e}^{-\beta(\varepsilon_3-\mu)})(1+\mathrm{e}^{-\beta(\varepsilon_4-\mu)})$$

となるが，これは右辺

$$\prod_{i=1}^{4} \sum_{n_i=0}^{1} e^{-\beta(\varepsilon_i-\mu)n_i}$$

に等しい．

8-2. $n(\varepsilon_j) = 0$ または 1 なので $n(\varepsilon_j)^2 = n(\varepsilon_j)$ が成り立つ．したがって，$\langle n(\varepsilon_j)^2 \rangle = \langle n(\varepsilon_j) \rangle = f_{\mathrm{FD}}(\varepsilon_j)$ である．これらを用いると占有数のゆらぎは

$$\langle n(\varepsilon_j)^2 \rangle - \langle n(\varepsilon_j) \rangle^2 = \frac{1}{1+\mathrm{e}^{\beta(\varepsilon_j-\mu)}} - \left(\frac{1}{1+\mathrm{e}^{\beta(\varepsilon_j-\mu)}}\right)^2$$

$$= f_{\mathrm{FD}}(\varepsilon_j)(1-f_{\mathrm{FD}}(\varepsilon_j))$$

となる.

8-3. 同じ準位を占有できる粒子数の最大値が 2 であることに注意して, 本例題と同様に大正準集団の分配関数を考えると

$$Z_G = \sum_{N=0}^{\infty} \sum_{\{n_i\}_N} e^{-\beta \sum_i (\varepsilon_i - \mu) n_i}$$

$$= \left(\sum_{n_1=0}^{2} \sum_{n_2=0}^{2} \cdots \right) \prod_i e^{-\beta (\varepsilon_i - \mu) n_i} = \prod_i \sum_{n_i=0}^{2} e^{-\beta (\varepsilon_i - \mu) n_i}$$

$$= \prod_i \left(1 + e^{-\beta (\varepsilon_i - \mu)} + e^{-\beta 2(\varepsilon_i - \mu)} \right)$$

となる. これを用いて一粒子分布関数は

$$\langle n(\varepsilon_j) \rangle = Z_G^{-1} \sum_{N=0}^{\infty} \sum_{\{n_i\}_N} e^{-\beta \sum_i (\varepsilon_i - \mu) n_i} n_j$$

と与えられるが, 本例題と同様に $i \neq j$ の部分は分母の Z_G の該当する部分と打ち消すので, $i = j$ の部分だけを考えればよく, 該当する項は

$$\sum_{n_j=0}^{2} e^{-\beta (\varepsilon_j - \mu) n_j} n_j = e^{-\beta (\varepsilon_j - \mu)} + 2 e^{-\beta 2 (\varepsilon_j - \mu)}$$

となる. したがって, 一粒子分布関数は

$$\langle n(\varepsilon_j) \rangle = \frac{2 + e^{\beta (\varepsilon_j - \mu)}}{1 + e^{\beta (\varepsilon_j - \mu)} + e^{\beta 2(\varepsilon_j - \mu)}}$$

である. これは $\varepsilon_j - \mu \ll 0$ で $\langle n(\varepsilon_j) \rangle = 2$, $\varepsilon_j - \mu \gg 0$ で $\langle n(\varepsilon_j) \rangle = 0$ となる.

9-1. 左辺を書き下すと

$$\sum_{N=0}^{\infty} \sum_{\{n_i\}_N} e^{-\beta (\varepsilon_1 - \mu) n_1} e^{-\beta (\varepsilon_2 - \mu) n_2} e^{-\beta (\varepsilon_3 - \mu) n_3} e^{-\beta (\varepsilon_4 - \mu) n_4}$$

となる. 和の記号 $\sum_{N=0}^{\infty} \sum_{\{n_i\}_N}$ は, 全粒子数を固定した条件のもとで各量子状態が取り得る粒子数に対して和を取ることを意味する. これを (n_1, n_2, n_3, n_4) で表すと

$N = 0$ のとき　$(0,0,0,0)$ の 1 通り，
$N = 1$ のとき　$(1,0,0,0), (0,1,0,0), (0,0,1,0), (0,0,0,1)$ の 4 通り，
$N = 2$ のとき　$(2,0,0,0), (0,2,0,0), (0,0,2,0), (0,0,0,2), (1,1,0,0),$
$(1,0,1,0), (1,0,0,1)\ (0,1,1,0), (0,1,0,1), (0,0,1,1)$
の 10 通り

などとなる．これは各量子状態の占有数を 0 から ∞ まで独立に和を取ることと等価である．つまり (n_1, n_2, n_3, n_4) において，n_1 から n_4 をそれぞれ独立に $n_1 = (0, 1, 2, \cdots)$，$n_2 = (0, 1, 2, \cdots)$ などとしても，同じものが一つずつ得られる．これを式で表すと

$$\sum_{n_1=0}^{\infty} e^{-\beta(\varepsilon_1-\mu)n_1} \sum_{n_2=0}^{\infty} e^{-\beta(\varepsilon_2-\mu)n_2} \sum_{n_3=0}^{\infty} e^{-\beta(\varepsilon_3-\mu)n_3} \sum_{n_4=0}^{\infty} e^{-\beta(\varepsilon_4-\mu)n_4}$$
$$= \prod_{i=1}^{4} \sum_{n_i=0}^{\infty} e^{-\beta(\varepsilon_i-\mu)n_i}$$

となる．

9-2. エネルギー ε の状態を占有する粒子数の平均値がボース・アインシュタイン分布関数である．これはすべてのエネルギー ε について正でなければならないので

$$f_{\mathrm{BE}}(\varepsilon) = \frac{1}{e^{\beta(\varepsilon-\mu)} - 1} \geq 0$$

が成り立つ．つまり $e^{\beta(\varepsilon-\mu)} - 1 \geq 0$ が成り立たなければならないので，μ の満たすべき条件として

$$\mu \leq \min(\varepsilon) = 0$$

が得られる．

9-3. 化学ポテンシャルが温度変化しないと仮定すると，ボース・アインシュタイン分布関数は温度の増加関数であるから，本例題の図に示したように温度の減少に伴い，すべてのエネルギー準位においてその占有数が小さくなる．したがって，全粒子数が保存するためには，温度の減少に伴って化学ポテンシャルが上昇する必要がある．発展問題 9-2 により示された $\mu \leq 0$ に注意すると，化学ポテ

ンシャルは負の値から上昇する.

10-1. 本例題のフェルミ粒子の場合と同様に考える. $\{n_i\}$ を固定したときの場合の数は
$$W(\{n_i\}) = \Pi_i \frac{(n_i + m_i - 1)!}{n_i!(m_i - 1)!}$$
である. $W(\{n_i\})$ に代わって $\log W(\{n_i\})$ を考えると
$$\begin{aligned}I(\{n_i\}) &= \log W(\{n_i\}) + \alpha\left(N - \sum_i n_i\right) + \beta\left(E - \sum_i n_i \varepsilon_i\right) \\ &\simeq \sum_i \left[(n_i + m_i - 1)\log(n_i + m_i - 1) - n_i \log n_i - m_i \log m_i\right] \\ &\quad + \alpha\left(N - \sum_i n_i\right) + \beta\left(E - \sum_i n_i \varepsilon\right)\end{aligned}$$
が得られる. ここでスターリングの公式を用いた. この関数が極大を取る条件
$$\frac{dI(\{n_i\})}{dn_i} = \log(n_i + m_i - 1) + 1 - \log n_i - 1 - \alpha - \beta \varepsilon_i = 0$$
を $m_i - 1 \simeq m_i$ を用いて変形すると
$$\frac{n_i}{m_i} = \frac{1}{e^{\alpha + \beta \varepsilon_i} - 1}$$
を得る. これがボーズ粒子の平均粒子数, すなわちボーズ・アインシュタイン分布関数である. α, β は次の発展問題 10-2 で求める.

10-2. $n_i/m_i = (1 + e^{\alpha + \beta \varepsilon_i})^{-1}$ を用いると, 最大項の方法で求めた場合の数を用いてエントロピーは
$$\begin{aligned}S &= k_\mathrm{B} \log W(\{n_i\}) \\ &\simeq k_\mathrm{B} \sum_i \left[-(m_i - n_i)\log(m_i - n_i) - n_i \log n_i + m_i \log m_i\right] \\ &\simeq k_\mathrm{B} \left[\alpha N + \beta E + \sum_i m_i \log\left(e^{-\alpha - \beta \varepsilon_i} + 1\right)\right]\end{aligned}$$
で与えられる. エントロピーを E ならびに N で微分すると,

$$\left(\frac{\partial S}{\partial E}\right)_{V,N} = k_\mathrm{B}\beta, \quad \left(\frac{\partial S}{\partial N}\right)_{E,V} = k_\mathrm{B}\alpha$$

を得る．これらの式を熱力学関係式

$$\frac{1}{T} = \left(\frac{\partial S}{\partial E}\right)_{V,N}, \quad \frac{\mu}{T} = -\left(\frac{\partial S}{\partial N}\right)_{E,V}$$

と比較することで

$$\beta = \frac{1}{k_\mathrm{B}T}, \quad \alpha = -\frac{\mu}{k_\mathrm{B}T}$$

が得られる．ボーズ粒子の場合も同様に求められる．

10-3. 箱の右半分に M 個の粒子がある確率は

$$_NC_M \left(\frac{1}{2}\right)^M \left(\frac{1}{2}\right)^{N-M} = \frac{N!}{M!(N-M)!}\left(\frac{1}{2}\right)^N$$

で与えられる．平均粒子数 $N/2$ からのずれを $x = M - N/2$ とすると，x が実現する確率は

$$P(x) = \frac{N!}{(N/2-x)!(N/2+x)!}\left(\frac{1}{2}\right)^N$$

で与えられる．下図は x/N の関数として $P(x)/P(0)$ をプロットしたものである．右側（もしくは左側）に粒子が偏る確率は，粒子数の増大とともに急激に減少することがわかる．

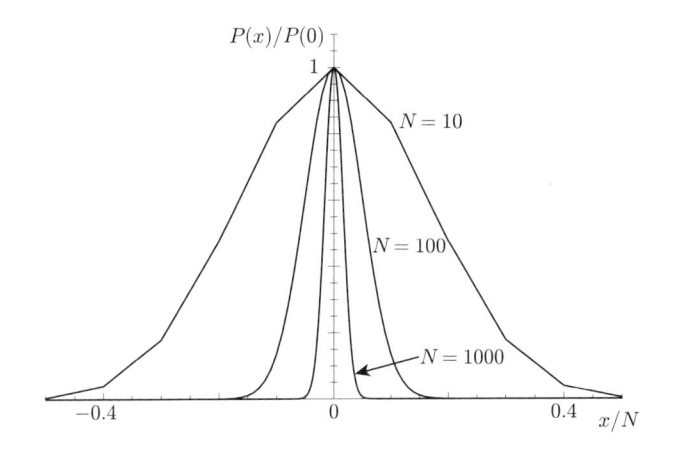

$N \gg 1$ の場合に近似の精度をあげたスターリングの公式 $\log N! \simeq \frac{1}{2}\log 2\pi +$

$(N + \frac{1}{2}) \log N - N$ を $P(x)$ の右辺に用いることで

$$P(x) \simeq \sqrt{\frac{2}{\pi N}} \exp\left(-\frac{2x^2}{N}\right)$$

が得られる．これを用いて粒子数のゆらぎ $\Delta x = [\langle x^2 \rangle - \langle x \rangle^2]^{1/2}$ を計算すると $\Delta x \sim \sqrt{N}$ となる．つまり全粒子数に対するゆらぎの比は $\Delta x/N \sim 1/\sqrt{N}$ となるので，粒子数が非常に多い場合にはそのゆらぎがほとんど無視できる．

11-1. 下図に $(\varepsilon - \mu)/k_B T$ の関数として3つの分布関数をプロットした．$(\varepsilon - \mu)/k_B T \gg 1$ のときに，フェルミ・ディラック分布関数およびボーズ・アインシュタイン分布関数がマクスウェル・ボルツマン分布関数に漸近する様子がわかる．

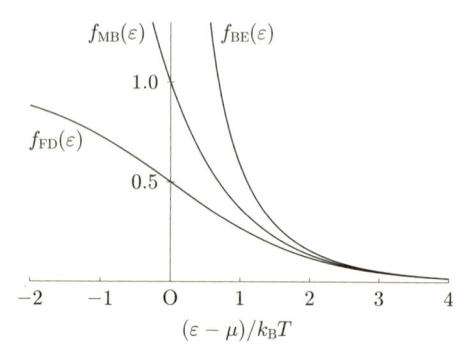

11-2. 例題4から $Z \equiv \sum_l e^{-\beta \varepsilon_l}$ の計算は

$$Z = \sum_{n_x=1}^{\infty} \sum_{n_y=1}^{\infty} \sum_{n_z=1}^{\infty} \exp\left[\frac{-\hbar^2 \beta}{2m}\left(\frac{\pi}{L}\right)^2 (n_x^2 + n_y^2 + n_z^2)\right]$$

$$= \left(\sum_{n=1}^{\infty} \exp\left[\frac{-\hbar^2 \beta}{2m}\left(\frac{\pi}{L}\right)^2 n^2\right]\right)^3$$

となるが，n に関する和を積分に直して

$$Z = \left(\int_0^{\infty} dx \exp\left[-\frac{\hbar^2 \beta}{2m}\left(\frac{\pi}{L}\right)^2 x^2\right]\right)^3 = \left(\frac{m}{2\pi \hbar^2 \beta}\right)^{\frac{3}{2}} V$$

となる．したがって

$$N = e^{\beta\mu} Z = e^{\beta\mu} \left(\frac{m}{2\pi\hbar^2 \beta}\right)^{\frac{3}{2}} V$$

が得られ，これを μ について解くと

$$\mu = -k_B T \log\left[\frac{V}{N}\left(\frac{mk_B T}{2\pi\hbar^2}\right)^{3/2}\right]$$

となる．これは発展問題 1-3 の式 (1.33) で導入した熱的ド・ブロイ波長 $\lambda_T = h/\sqrt{2\pi m k_B T}$ と粒子間の平均距離 $\bar{r} \equiv (V/N)^{1/3}$ を用いると

$$\mu = -k_B T 3 \log\left(\frac{\bar{r}}{\lambda_T}\right)$$

と書けるので，$\bar{r} \gg \lambda_T$ の高温極限では右辺は負である．結局，温度の増大に伴って化学ポテンシャルは，$\mu \propto -T \log T$ に従って，負の無限大となる．

11-3. 例題 1 の式 (1.29) と式 (1.30) からエントロピーは E, V, N の関数として

$$S = Nk_B \left[\frac{5}{2} + \log\left\{\frac{V}{N}\left(\frac{mE}{3\pi\hbar^2 N}\right)^{3/2}\right\}\right]$$

と表される．これから

$$\mu = -T\left(\frac{\partial S}{\partial N}\right)_{E,V} = -k_B T \log\left[\frac{V}{N}\left(\frac{mE}{3\pi\hbar^2 N}\right)^{3/2}\right]$$

となる．これは例題 1 の式 (1.30) の $E = 3Nk_B T/2$ を再び用いると，発展問題 11-2 の結果と一致する．

12-1. $-f'_{\mathrm{FD}}(\varepsilon)$ の具体的な表式は

$$-f'_{\mathrm{FD}}(\varepsilon) = \frac{1}{4k_B T \cosh^2[(\varepsilon - \mu)/2k_B T]}$$

である．これは $\varepsilon - \mu$ の偶関数であり，ε で微分することで，$\varepsilon - \mu = 0$ で極値を取り，そこから外れると $|\varepsilon - \mu| \simeq k_B T$ で急激に減少することがわかる．また $-f'_{\mathrm{FD}}(\varepsilon = \mu)k_B T$ は温度によらない一定値 $1/4$ を取る．したがってこの関数は

例題 12 の図に示したような，低温 $k_\mathrm{B} T \ll \mu$ において $\varepsilon = \mu$ に鋭いピークをもつ関数であることがわかる．

12-2. 発展問題 12-1 で記したように $f'_\mathrm{FD}(\varepsilon)$ の具体的な形から，これは $\varepsilon - \mu$ の偶関数である．よって，n が奇数の場合は $\int_{-\infty}^{\infty} f'_\mathrm{FD}(\varepsilon)(\varepsilon-\mu)^n d\varepsilon = 0$ となる．

12-3. 与えられた積分は

$$\int_0^\infty \frac{z^{x-1}}{e^z+1} dz = \sum_{k=0}^\infty (-1)^k \int_0^\infty z^{x-1} e^{-(k+1)z} dz = \Gamma(x) \sum_{k=0}^\infty \frac{(-1)^k}{(k+1)^x}$$

$$= \Gamma(x) \left\{ \sum_{l=\mathrm{odd}} \frac{1}{l^x} - \sum_{l=\mathrm{even}} \frac{1}{l^x} \right\}$$

$$= \Gamma(x) \left\{ \sum_{l=1}^\infty \frac{1}{l^x} - 2 \sum_{l=\mathrm{even}} \frac{1}{l^x} \right\}$$

$$= \Gamma(x) \left(1 - \frac{2}{2^x}\right) \sum_{l=1}^\infty \frac{1}{l^x} = \Gamma(x)\left(1 - 2^{1-x}\right) \zeta(x)$$

と計算される．ここで，$\zeta(x) = \sum_{l=1}^\infty \frac{1}{l^x}$ はツェータ関数である．求めるべき積分は

$$\int_{-\infty}^\infty \frac{x^2}{(1+e^x)(1+e^{-x})} dx = 2\int_0^\infty \frac{x^2 e^x}{(e^x+1)^2} dx$$

$$= -2 \int_0^\infty x^2 \frac{d}{dx}\left(\frac{1}{e^x+1}\right) dx$$

$$= 4 \int_0^\infty \frac{x^{2-1}}{e^x+1} dx$$

と変形できるので，上式の結果と $\zeta(2) = \pi^2/6$ を用いることで

$$\int_{-\infty}^\infty \frac{x^2}{(1+e^x)(1+e^{-x})} dx = 4\left(1-2^{1-2}\right)\zeta(2) = \frac{\pi^2}{3}$$

が得られる．

3 章の発展問題

13-1. 3 次元の調和振動子では，例題 13 で扱った 1 次元調和振動子に比べて運動が x, y, z のすべての方向に可能である．分配関数は 1 次元調和振動子の場合

の 3 乗となる．これに伴い内部エネルギーは 3 倍になり，熱容量も 3 倍の

$$C = 3Nk_{\rm B} \left[\frac{\beta\hbar\omega/2}{\sinh(\beta\hbar\omega/2)}\right]^2$$

となる．

13-2. 1 次元調和振動子のシュレディンガー方程式

$$-\frac{\hbar^2}{2m}\frac{d^2\psi}{dx^2} + \frac{1}{2}m\omega^2 x^2\psi = E\psi$$

を解く．無次元の変数 $\xi = x\sqrt{m\omega/\hbar}$ を導入することで方程式は

$$\frac{d^2\psi}{d\xi^2} + \left(\frac{2E}{\hbar\omega} - \xi^2\right)\psi = 0$$

となる．この微分方程式は大きな ξ に対して，漸近的な解 $\psi = \exp(-\xi^2/2)$ をもつので，ξ の関数 $\chi(\xi)$ を導入して $\psi(\xi) = \exp(-\xi^2/2)\chi(\xi)$ と置き，これを微分方程式に代入すると $\chi(\xi)$ に関する方程式

$$\frac{d^2\chi}{d\xi^2} - 2\xi\frac{d\chi}{d\xi} + \left(\frac{2E}{\hbar\omega} - 1\right)\chi = 0$$

が得られる．ここで $\chi = \sum_{n=0}^{\infty} c_n \xi^n$ とべき級数により展開し，これを微分方程式に代入して同じべきの係数を比較することで，展開係数 c_n の関係として

$$(n+1)(n+2)c_{n+2} = \left(2n+1 - \frac{2E}{\hbar\omega}\right)c_n$$

が得られる．この方程式が束縛状態の解をもつには $\psi(\xi \to \pm\infty) = 0$ とならなければならない．すなわち，$\chi(\xi)$ の級数展開は有限次数までとなるので，ゼロまたは正の整数 n に対して

$$\frac{2E}{\hbar\omega} = 2n + 1$$

であり，かつ級数展開は ξ の奇数次のみ，もしくは偶数次のみで構成されることがわかる．以上より，$\chi(\xi)$ に対する微分方程式は

$$\frac{d^2\chi}{d\xi^2} - 2\xi\frac{d\chi}{d\xi} + 2n\chi = 0$$

となる．これはエルミート多項式

の満たす微分方程式として知られる．ここで，$[n/2]$ は $n/2$ を超えない整数を意味する．エルミート多項式の $n \leq 3$ の具体形は

$$H_0(x) = 1, \quad H_1(x) = 2x, \quad H_2(x) = 4x^2 - 2, \quad H_3(x) = 8x^3 - 12x$$

である．最終的に 1 次元調和振動子のエネルギー固有値と波動関数はそれぞれ

$$E_n = \hbar\omega \left(n + \frac{1}{2}\right)$$

ならびに

$$\psi_n(x) = C_n \exp\left(-\frac{m\omega}{2\hbar}x^2\right) H_n\left(x\sqrt{\frac{m\omega}{\hbar}}\right)$$

となる．ここで C_n は規格化定数である．

13-3. 求める状態数は，量子数 n が与えられたときの全エネルギーを N 個の調和振動子へエネルギーを配分する場合の数に等しい．これは n 個の球を N 個の区別がつく箱に分配する場合の数である．またこれは，N 個の箱の代わりに $N-1$ 個の仕切りを用意し，n 個の球と $N-1$ 個の仕切りを合わせた $N+n-1$ 個から n 個を選ぶ場合の数に等しく

$$W(n) = \frac{(n+N-1)!}{n!(N-1)!}$$

となる．エントロピーはこれを用いて

$$S = k_\mathrm{B} \left[(n+N-1)\log(n+N-1) - n\log n - (N-1)\log(N-1)\right]$$
$$\simeq k_\mathrm{B} \left[(n+N)\log(n+N) - n\log n - N\log N\right]$$
$$= k_\mathrm{B} \left[\frac{E}{\hbar\omega}\log\left(1 + \frac{N\hbar\omega}{E}\right) + N\log\left(1 + \frac{E}{N\hbar\omega}\right)\right]$$

となる．ここで，$n = E/\hbar\omega$ であることを用いて S を E の関数として表した．熱力学の関係式を用いて

$$\frac{1}{T} = \left(\frac{\partial S}{\partial E}\right)_N = \frac{k_\mathrm{B}}{\hbar\omega}\log\left(\frac{N\hbar\omega}{E} + 1\right)$$

となるが，これを E について解くと
$$E = \frac{N\hbar\omega}{e^{\beta\hbar\omega} - 1}$$
が得られる．以上を用いると，エントロピーは温度の関数として
$$S = \frac{N}{T}\left[\frac{\hbar\omega}{e^{\beta\hbar\omega} - 1} - k_\mathrm{B}T \log\left(1 - e^{-\beta\hbar\omega}\right)\right]$$
が導ける．これは本例題で導いたエントロピーの表式 (3.15) と一致する．

14-1. 一辺が L の 1 次元の弾性体において，波数が 0 から k までの範囲にある状態数を本例題に従って求めると
$$G_k(k) = \frac{2k}{(\pi/L)} \times \frac{1}{2} = \frac{kL}{\pi}$$
となる．これと分散関係 $\omega = vk$ を用いると状態密度は
$$D_\omega(\omega) = \frac{1}{v}\frac{L}{\pi}$$
となる．すなわち状態密度は角振動数によらず一定となる．
同様に一辺が L の 2 次元の弾性体において，波数が 0 から k までの範囲にある状態数は
$$G_k(k) = \frac{(\pi k^2)}{(\pi/L)^2} \times \frac{1}{4} = \frac{k^2 L^2}{4\pi}$$
であり，状態密度は
$$D_\omega(\omega) = \frac{1}{v^2}\frac{L^2}{2\pi}\omega$$
となる．

14-2. アインシュタイン模型では，N 個のすべての調和振動子において角振動数は $\omega_0 \equiv \sqrt{K/M}$ としている．ここで，K, M はそれぞれ振動子のばね定数と質点の質量である．したがって，角振動数が 0 から ω までの範囲にある状態数は
$$G_\omega(\omega) = N\theta(\omega - \omega_0)$$
であり，角振動数が ω から $\omega + d\omega$ までの範囲にある状態数は

$$D_\omega(\omega)d\omega = \frac{dG_\omega(\omega)}{d\omega}d\omega = N\delta(\omega - \omega_0)d\omega$$

である．ここで $\delta(x) = \frac{d\theta(x)}{dx}$ を用いた．したがって，状態密度は $D_\omega(\omega) = N\delta(\omega - \omega_0)$ である．

14-3. フーリエ変換の表式

$$x_i = \frac{1}{\sqrt{N}} \sum_i e^{-ikr_i} x_k, \quad p_i = \frac{1}{\sqrt{N}} \sum_i e^{-ikr_i} p_k$$

をハミルトニアンに代入すると

$$\mathcal{H} = \sum_k \left[\frac{p_k p_{-k}}{2M} + 2K \sin^2\left(\frac{ka}{2}\right) x_k x_{-k} \right]$$

を得る．ここで，$\sum_i e^{i(k+k')r_i} = N\delta_{k,-k'}$ を用いた．a は格子間隔である．x_k, p_k は複素数であるが $x_k = x_{-k}^*$, $p_k = p_{-k}^*$ の関係があるので

$$x_k = x_{Rk} + ix_{Ik}, \quad p_k = p_{Rk} + ip_{Ik}$$

と実部と虚部に分けると，ハミルトニアンは

$$\mathcal{H} = \sum_k \sum_{r=R,I} \left[\frac{p_{rk}^2}{2M} + 2K \sin^2\left(\frac{ka}{2}\right) x_{rk}^2 \right]$$

となり，独立な調和振動子の和として表される．したがって，各々の波数における角振動数は

$$\omega_k = 2\sqrt{\frac{K}{M}} \sin\left(\frac{ka}{2}\right)$$

となる．

これらの結果をもとに状態密度を求める．系の長さを L とすると，波数がゼロから k の間にある状態数は発展問題 14-1 の結果を参考にすると

$$G_k(k) = \frac{kL}{\pi}$$

となる．波数の大きさと角振動数は 1 対 1 に対応しているから分散関係を用いると，角振動数がゼロから ω までの状態数は

$$G_\omega(\omega) = \frac{2L}{\pi a}\sin^{-1}\left(\frac{\omega}{2\sqrt{K/M}}\right)$$

となる．これから状態密度として

$$D_\omega(\omega) = \frac{dG_\omega(\omega)}{d\omega} = \frac{2L}{\pi a}\frac{1}{\sqrt{\frac{4K}{M}-\omega^2}}$$

が得られる．この結果は，角振動数が小さい極限 $\omega \ll \sqrt{K/M}$ では $D_\omega(\omega) = L/(v\pi)$ (ただし $v = a\sqrt{K/M}$) となり，発展問題 14-1 の連続体における結果を再現する．

15-1. 本例題の式 (3.44)

$$E = \int_0^\infty D_\omega(\omega)\frac{\hbar\omega}{e^{\beta\hbar\omega}-1}d\omega$$

を用いると熱容量は

$$C = \left(\frac{\partial E}{\partial T}\right)_N = k_B\int_0^\infty D_\omega(\omega)\frac{e^{\beta\hbar\omega}}{(e^{\beta\hbar\omega}-1)^2}(\beta\hbar\omega)^2 d\omega$$

となる．ここに発展問題 14-1 で求めた状態密度を代入すれば，1 次元の場合の熱容量は

$$C = Nk_B\frac{T}{\Theta_D}\int_0^{\Theta_D/T}\frac{x^2 e^x}{(e^x-1)^2}dx$$

となり，2 次元の場合は

$$C = 4Nk_B\left(\frac{T}{\Theta_D}\right)^2\int_0^{\Theta_D/T}\frac{x^3 e^x}{(e^x-1)^2}dx$$

となる．ここで状態数には上限があることを考慮して，例題 15 と同様にデバイ温度 Θ_D を導入した．

$\Theta_D \ll T$ の高温の場合には，上式右辺の積分はそれぞれ

$$\int_0^{\Theta_D/T}\frac{x^2 e^x}{(e^x-1)^2}dx = \int_0^{\Theta_D/T}\frac{x^2(1+x+\cdots)}{(x+\frac{x^2}{2}+\cdots)^2}dx \simeq \frac{\Theta_D}{T}$$

ならびに
$$\int_0^{\Theta_D/T} \frac{x^3 e^x}{(e^x-1)^2} dx = \int_0^{\Theta_D/T} \frac{x^3(1+x+\cdots)}{(x+\frac{x^2}{2}+\cdots)^2} dx \simeq \frac{1}{2}\left(\frac{\Theta_D}{T}\right)^2$$

と近似できる．したがって，1次元の場合は $C \simeq Nk_B$，2次元の場合は $C \simeq 2Nk_B$ となり，これらはエネルギーの等分配則を満たしている．

一方，$\Theta_D \gg T$ の低温の場合には積分の上限を無限大と近似できるので
$$\int_0^{\Theta_D/T} \frac{x^2 e^x}{(e^x-1)^2} dx \simeq \int_0^{\infty} \frac{x^2 e^x}{(e^x-1)^2} dx = 2\zeta(2)$$

ならびに
$$\int_0^{\Theta_D/T} \frac{x^3 e^x}{(e^x-1)^2} dx \simeq \int_0^{\infty} \frac{x^3 e^x}{(e^x-1)^2} dx = 6\zeta(3)$$

となる．ここで
$$\int_0^{\infty} \frac{x^n e^x}{(e^x-1)^2} dx = n!\zeta(n)$$

を用いた．また $\zeta(n)$ はツェータ関数で，$\zeta(2) = \pi^2/6$ ならびに $\zeta(3) \simeq 1.202$ である．したがって，1次元の場合は $C \simeq 2\zeta(2) Nk_B (T/\Theta_D)$ であり，2次元の場合は $C \simeq 24\zeta(3) Nk_B (T/\Theta_D)^2$ となる．

15-2. 例題14の式 (3.28) から，波数が0から k までの状態数は
$$G_k(k) = \frac{V}{6\pi^2} k^3$$

である．分散関係が $\omega = Ak^n$ で与えられる場合は，k を ω で書き換えることで角振動数が0から ω までの状態数が
$$G_\omega(\omega) = \frac{V}{6\pi^2} \left(\frac{\omega}{A}\right)^{\frac{3}{n}}$$

と得られる．これから状態密度は
$$D_\omega(\omega) = \frac{V}{2\pi^2 n A^{3/n}} \omega^{\frac{3}{n}-1}$$

となる．これはデバイ振動数による上限を考慮すれば
$$D_\omega(\omega) = \frac{9N}{n\omega_D^{3/n}} \omega^{\frac{3}{n}-1} \theta(\omega_D - \omega),$$

となる．発展問題 15-1 で求めた熱容量の表式にこの状態密度を代入すると

が得られる．ここで $\Theta_D = \hbar\omega_D/k_B$ とした．$\Theta_D \gg T$ の低温では右辺の積分の上限を無限大に置き換えることができて，積分は温度によらず一定となるから

$$C \propto T^{3/n}$$

$$C = \frac{9N}{n\omega_D^{3/n}} k_B \left(\frac{k_B T}{\hbar}\right)^{3/n} \int_0^{\Theta_D/T} \frac{x^{\frac{3}{n}+1} e^x}{(e^x-1)^2} dx$$

が得られる．一方 $\Theta_D \ll T$ の高温では，被積分関数を展開することで

$$\int_0^{\Theta_D/T} \frac{x^{\frac{3}{n}+1} e^x}{(e^x-1)^2} dx \simeq \frac{n}{3}\left(\frac{\Theta_D}{T}\right)^{3/n}$$

となるので，デュロン・プティの法則

$$C \simeq 3Nk_B$$

が得られる．

15-3． 発展問題 15-2 の結果から分散関係が $\omega \propto k^n$ のとき，状態密度は $D(\omega) \propto \omega^{\frac{3}{n}-1}$ となり，低温での熱容量の温度依存性が $C \propto T^{3/n}$ となる．n の増大とともに，小さな ω の領域での分散関係の傾きが緩やかになり，状態密度が増大する．これにより低温で大きな熱容量を示すものと解釈できる．

16-1． $a|n\rangle$ の内積を考えると

$$\langle n|a^\dagger a|n\rangle = n\langle n|n\rangle$$

となるが，$\langle n|n\rangle \geq 0$ であるから n はゼロ以上の実数である．

さて，本例題の式 (3.59) で示したように

$$\hat{n}(a|n\rangle) = (n-1)(a|n\rangle)$$

が成り立つから，$a|n\rangle$ は $\hat{n}$ の固有状態でその固有値は $n-1$ である．これを繰り返すと $a^j|n\rangle$（ここで j はゼロ以上の整数）は $\hat{n}$ の固有状態でその固有値は $n-j$ であることを示すことができる．j が増大したとき，$n-j$ が初めて負になる j を j_0 とする．つまり $n-(j_0-1) \geq 0$ かつ $n-j_0 < 0$ である．このと

き $a^{j_0-1}|n\rangle \neq 0$ であるが $a^{j_0}|n\rangle = 0$ である．なぜなら後者に $\hat{n}$ を作用させると $\hat{n}a^{j_0}|n\rangle = (n-j_0)a^{j_0}|n\rangle$ となるが，$\hat{n}$ の固有値はゼロまたは正でなくてはならないからである．$a^{j_0}|n\rangle = 0$ に左から $a^\dagger$ を作用させるとその左辺は

$$a^\dagger a^{j_0}|n\rangle = \hat{n}a^{j_0-1}|n\rangle = (n-(j_0-1))a^{j_0-1}|n\rangle$$

となるが，$a^{j_0-1}|n\rangle \neq 0$ であるから，上式がゼロになるには $n-(j_0-1)=0$ である．つまり，n は 0 以上の整数である．

16-2. 本例題の式 (3.59) と同様に $a^\dagger|n\rangle$ をハミルトニアンに作用させると

$$\begin{aligned}\mathcal{H}\left(a^\dagger|n\rangle\right) &= \hbar\omega\left(a^\dagger a a^\dagger + \frac{1}{2}a^\dagger\right)|n\rangle \\ &= \hbar\omega\left\{a^\dagger\left(a^\dagger a + 1\right) + \frac{1}{2}a^\dagger\right\}|n\rangle \\ &= \hbar\omega\left\{(n+1) + \frac{1}{2}\right\}a^\dagger|n\rangle\end{aligned}$$

となり，$a^\dagger|n\rangle$ が $n+1$ 番目の固有値であることが示された．

16-3. いま $|n\rangle$ と $|n-1\rangle$ は規格化されているものとして，複素数 C を用いて $|n\rangle = Ca^\dagger|n-1\rangle$ と表す．状態 $|n-1\rangle$ が演算子 $\hat{n}=a^\dagger a$ の固有状態でその固有値が $n-1$ であることを用いると

$$\begin{aligned}\langle n|n\rangle &= |C|^2\langle n-1|aa^\dagger|n-1\rangle = |C|^2\langle n-1|(a^\dagger a+1)|n-1\rangle \\ &= |C|^2\langle n-1|((n-1)+1)|n-1\rangle = n|C|^2\end{aligned}$$

となるから，$|C|^2 = 1/n$ が得られる．C の位相は任意だから $C=1/\sqrt{n}$ と取れる．これを繰り返すと $C_n = 1/\sqrt{n!}$ が得られる．

17-1. 本例題のベクトルポテンシャルに対する展開式 (3.73) を $\boldsymbol{\nabla}\cdot\boldsymbol{A}(\boldsymbol{x},t)=0$ に代入すると

$$\sum_{\boldsymbol{k}l}\boldsymbol{k}\cdot\boldsymbol{e}_{\boldsymbol{k}l}e^{i\boldsymbol{k}\cdot\boldsymbol{x}}g_{\boldsymbol{k}}^{(l)}(t)=0$$

となる．これがすべての $\boldsymbol{k}$ と l で成り立つためには $\boldsymbol{k}\cdot\boldsymbol{e}_{\boldsymbol{k}l}=0$ となる．これは波数と同じ方向の振動は起きないことを意味しており，縦波成分をもたないこと

が示された．

17-2. 変換の式の右辺を式 (3.70) と (3.71) に代入すると

$$B(\boldsymbol{x},t) = \boldsymbol{\nabla} \times \boldsymbol{A}(\boldsymbol{x},t) + \boldsymbol{\nabla} \times \boldsymbol{\nabla}\chi(\boldsymbol{x},t) = \boldsymbol{\nabla} \times \boldsymbol{A}(\boldsymbol{x},t)$$

ならびに

$$\boldsymbol{E}(\boldsymbol{x},t) = \{-\boldsymbol{\nabla}\phi(\boldsymbol{x},t) + \boldsymbol{\nabla}\dot{\chi}(\boldsymbol{x},t)\} - \left\{\dot{\boldsymbol{A}}(\boldsymbol{x},t) + \boldsymbol{\nabla}\dot{\chi}(\boldsymbol{x},t)\right\}$$
$$= -\boldsymbol{\nabla}\phi(\boldsymbol{x},t) - \dot{\boldsymbol{A}}(\boldsymbol{x},t)$$

となり，$\boldsymbol{B}(\boldsymbol{x},t)$ と $\boldsymbol{E}(\boldsymbol{x},t)$ は変更を受けないことが示された．ここで，ベクトル解析の公式 $\boldsymbol{\nabla} \times \boldsymbol{\nabla}\chi(\boldsymbol{x},t) = 0$ を用いた．

17-3. クーロンゲージ条件でエネルギーをベクトルポテンシャルで表すと

$$E = \frac{1}{2}\int d\boldsymbol{x}\left(\varepsilon_0 \dot{\boldsymbol{A}}(\boldsymbol{x},t)^2 + \mu_0^{-1}\left[\boldsymbol{\nabla} \times \boldsymbol{A}(\boldsymbol{x},t)\right]^2\right)$$

となる．これに展開式 (3.73) を代入すると第 1 項は

$$\int d\boldsymbol{x}\dot{\boldsymbol{A}}(\boldsymbol{x},t)^2 = \sum_{\boldsymbol{k}\boldsymbol{k}'}\sum_{ll'}\boldsymbol{e}_{\boldsymbol{k}l} \cdot \boldsymbol{e}_{\boldsymbol{k}'l'}\dot{g}^{(l)}_{\boldsymbol{k}}(t)\dot{g}^{(l')}_{\boldsymbol{k}'}(t)\int d\boldsymbol{x} e^{i\boldsymbol{k}\cdot\boldsymbol{x}}e^{i\boldsymbol{k}'\cdot\boldsymbol{x}}$$
$$= V\sum_{\boldsymbol{k}l}\dot{g}^{(l)}_{\boldsymbol{k}}(t)\dot{g}^{(l)}_{-\boldsymbol{k}}(t)$$

となる．ここで，$\boldsymbol{e}_{\boldsymbol{k}l}$ と $V^{-1/2}e^{i\boldsymbol{k}\cdot\boldsymbol{r}}$ の規格直交性を用いた．同様に第 2 項は

$$\int d\boldsymbol{x}\left[\boldsymbol{\nabla} \times \boldsymbol{A}(\boldsymbol{x},t)\right]^2 = \sum_{\boldsymbol{k}\boldsymbol{k}'}\sum_{ll'}i^2(\boldsymbol{k} \times \boldsymbol{e}_{\boldsymbol{k}l}) \cdot (\boldsymbol{k}' \times \boldsymbol{e}_{\boldsymbol{k}'l'})g^{(l)}_{\boldsymbol{k}}(t)g^{(l')}_{\boldsymbol{k}'}(t)$$
$$\times \int d\boldsymbol{x} e^{i\boldsymbol{k}\cdot\boldsymbol{x}}e^{i\boldsymbol{k}'\cdot\boldsymbol{x}}$$
$$= V\sum_{\boldsymbol{k}l}\boldsymbol{k}^2 g^{(l)}_{\boldsymbol{k}}(t)g^{(l)}_{-\boldsymbol{k}}(t)$$

となる．ここで，ベクトル解析の公式 $(\boldsymbol{A} \times \boldsymbol{B}) \cdot (\boldsymbol{C} \times \boldsymbol{D}) = (\boldsymbol{A} \cdot \boldsymbol{C})(\boldsymbol{B} \cdot \boldsymbol{D}) - (\boldsymbol{A} \cdot \boldsymbol{D})(\boldsymbol{B} \cdot \boldsymbol{C})$ を用いた．最終的にエネルギーは

$$E = \frac{1}{2}V\varepsilon_0\sum_{\boldsymbol{k}l}\left(\dot{g}^{(l)}_{\boldsymbol{k}}(t)\dot{g}^{(l)}_{-\boldsymbol{k}}(t) + c^2\boldsymbol{k}^2 g^{(l)}_{\boldsymbol{k}}(t)g^{(l)}_{-\boldsymbol{k}}(t)\right)$$

となる．これは $g^{(l)}_{\boldsymbol{k}}(t) \to x$，$\dot{g}^{(l)}_{\boldsymbol{k}}(t) \to p$ と対応させることで，調和振動子のエ

ネルギーと等価であることがわかる．

18-1. 内部エネルギーは式 (3.88) で与えられる．零点エネルギーを除いて積分を計算すると

$$E = \int_0^\infty D_\omega(\omega) \hbar \frac{1}{e^{\beta\hbar\omega}-1} d\omega = V\frac{\hbar}{\pi^2 c^3} \int_0^\infty \frac{\omega^3}{e^{\beta\hbar\omega}-1} d\omega$$

$$= \frac{\pi^2 k_B^4}{15c^3\hbar^3} VT^4$$

となり，これが T^4 に比例することがわかる．積分を実行する際に

$$\int_0^\infty \frac{x^n}{e^x-1} dx = n!\zeta(n+1)$$

を用いた．ここで，$\zeta(x)$ はツェータ関数で $\zeta(4) = \pi^4/90$ である．

18-2. ヘルムホルツの自由エネルギーは式 (3.86) で与えられる．零点エネルギーを除いてこれを計算すると

$$F = k_B T \int_0^\infty D_\omega(\omega) \log\left(1 - e^{-\beta\hbar\omega}\right) d\omega$$

$$= k_B T \frac{V}{\pi^2 c^3} \int_0^\infty \omega^2 \log\left(1 - e^{-\beta\hbar\omega}\right) d\omega.$$

となる．部分積分により

$$\int_0^\infty \omega^2 \log\left(1 - e^{-\beta\hbar\omega}\right) d\omega = -\frac{\beta}{3} \int_0^\infty \hbar\omega^2 \frac{1}{e^{\beta\hbar\omega}-1} d\omega$$

となるので

$$F = -\frac{1}{3} \int_0^\infty D_\omega(\omega) \hbar \frac{1}{e^{\beta\hbar\omega}-1} d\omega = -\frac{1}{3} E = -\frac{\pi^2 k_B^4}{45 c^3 \hbar^3} VT^4$$

が導かれる．これより圧力は

$$p = -\left(\frac{\partial F}{\partial V}\right)_T = \frac{\pi^2 k_B^4}{45 c^3 \hbar^3} T^4 = \frac{E}{3V}$$

となる．

18-3. スペクトル密度の最大値を与える周波数は，$du(\omega)/d\omega = 0$ から求めればよい．これから関係式 $3e^{-x} = 3 - x$ が得られる．ここで，$x = \beta\hbar\omega$ とした．こ

の両辺を図示することで交点を求めると $x \simeq 2.82$ が得られる．これより温度 T において，スペクトル密度が最大となる角振動数 $\omega_{\max} \simeq 2.82 k_{\mathrm{B}} T / \hbar$ が得られる．これは温度に比例して単調に大きくなる．

4章の発展問題

19-1. 長さ L の 1 次元鎖内の粒子のエネルギー準位は，本例題の式 (4.5) から

$$\varepsilon = \frac{\hbar^2}{2m} \left(\frac{\pi}{L} \right)^2 n^2$$

と与えられる．ここで n は正の整数（$n = 1, 2, \cdots$）である．本例題の方法に基づいて，エネルギーが 0 から ε の間にある状態数を求めると

$$N(\varepsilon) = \frac{L}{\pi \hbar} \sqrt{2m\varepsilon}$$

となる．したがって，状態密度は

$$D(\varepsilon) = \frac{dN(\varepsilon)}{d\varepsilon} = \frac{L}{\pi \hbar} \sqrt{\frac{m}{2}} \frac{1}{\sqrt{\varepsilon}}$$

となり，$\sqrt{\varepsilon}$ の逆数に比例する．

同様に，一辺の長さが L の正方形内にある粒子のエネルギーは

$$\varepsilon = \frac{\hbar^2}{2m} \left(\frac{\pi}{L} \right)^2 (n_x^2 + n_y^2)$$

であり，これは正の整数の組 (n_x, n_y) で指定できる．エネルギーが 0 から ε の間にある状態数は，(n_x, n_y) で張られる 2 次元空間において，半径が $n = \sqrt{2m\varepsilon} L / (\pi \hbar)$ の円の面積の $1/4$ を整数の組 (n_x, n_y) が占める面積（$= 1$）で割ればよい．これは

$$N(\varepsilon) = \frac{1}{4} \pi n^2 = \frac{\pi m}{2 \hbar^2} \left(\frac{L}{\pi} \right)^2 \varepsilon$$

である．これより状態密度は

$$D(\varepsilon) = \frac{dN(\varepsilon)}{d\varepsilon} = \frac{L^2 m}{2\pi \hbar^2}$$

となる．2 次元の場合は状態密度はエネルギー ε によらないことが示される．

19-2. 例題 4 で説明したように，変数分離法により例題 4 の式 (1.53) のシュレディンガー方程式を 3 つの式に分けると，x に関する方程式について

$$-\frac{\hbar^2}{2m}\frac{d^2X}{dx^2} = \varepsilon_x X$$

が得られる．これを境界条件 $X(0) = X(L)$ のもとで解くと

$$X(x) = A_x \exp\left(i\frac{2\pi n_x}{L}x\right)$$

ならびに

$$\varepsilon_x = \frac{\hbar^2}{2m}\left(\frac{2\pi}{L}\right)^2 n_x^2$$

が得られる．ここで A_x は規格化の定数，$n_x = 0, \pm1, \pm2\cdots$ は（符号を問わない）整数である．したがって，固有値は

$$\varepsilon = \frac{\hbar^2}{2m}\left(\frac{2\pi}{L}\right)^2 (n_x^2 + n_y^2 + n_z^2)$$

となる．

この結果をもとに状態密度を求める．エネルギーが 0 から ε の間にある状態数は，(n_x, n_y, n_z) で張られる 3 次元空間において半径が

$$n = \sqrt{2m\varepsilon}\frac{L}{\hbar 2\pi}$$

の球の体積を，整数の組 (n_x, n_y, n_z) 一つが占める体積 $(= 1)$ で割ればよい．本例題と異なり，球の体積の 1/8 としなくてよいことに注意．したがって，状態数は

$$N(\varepsilon) = \frac{4\pi}{3}(2m\varepsilon)^{3/2}\left(\frac{L}{\hbar 2\pi}\right)^3 = \frac{\pi}{6}\left(\frac{L}{\pi}\right)^3\left(\frac{2m}{\hbar^2}\right)^{\frac{3}{2}}\varepsilon^{\frac{3}{2}}$$

である．これは本例題の式 (4.8) と等しい．したがって，状態密度も式 (4.10) と等しく

$$D(\varepsilon) = \frac{V}{4\pi^2}\left(\frac{2m}{\hbar^2}\right)^{\frac{3}{2}}\sqrt{\varepsilon}$$

となる．

19-3. 波数 k の自由な粒子のエネルギーは $\varepsilon(k) = \hbar^2 k^2/(2m)$ であり，一方，格子振動のエネルギー（フォノンのエネルギー）は $\varepsilon(k) = \hbar\omega = \hbar v k$ であ

る．ここで $k = |\bm{k}|$ である．エネルギーがゼロから ε までの状態数 $N(\varepsilon)$ は，波数空間において ε に対応する k を半径とする球の体積に比例し，これは上記の分散関係から粒子の場合は $k = \sqrt{2m\varepsilon}/\hbar$，格子振動（フォノン）の場合は $k = \varepsilon/(\hbar v)$ となる．このために状態密度 $D(\varepsilon)$ のエネルギー依存性に違いが生じ，粒子の場合は $D(\varepsilon) \propto \sqrt{\varepsilon}$，格子振動の場合は $D(\varepsilon) \propto \varepsilon^2$ となる．

20-1. 3次元の波数空間内で，電子をエネルギーが低い状態から順番に N 個詰めると，占有状態は球で表され，この球の半径を k_F とする．発展問題19-2で固有波動関数は

$$\psi(x) = A \exp\left(i\frac{2\pi n_x}{L}x\right) \exp\left(i\frac{2\pi n_y}{L}y\right) \exp\left(i\frac{2\pi n_z}{L}z\right)$$

となることを導いた．この結果から（周期境界条件の場合は）波数と状態を指定する量子数との間には

$$k_l = \frac{2\pi n_l}{L}$$

($l = x, y, z$) の関係があることがわかる．ここで，$n_l = 0, \pm 1, \pm 2 \cdots$ である．$\bm{n} = (n_x, n_y, n_z)$ でベクトル $\bm{n}$ を定義すると，これと波数ベクトルは $\bm{k} = 2\pi \bm{n}/L$ の関係があり，k_F から $n_\mathrm{F} = L k_\mathrm{F}/(2\pi)$ が定義できる．3次元の (n_x, n_y, n_z) で張られる空間において，半径 n_F の球内にある状態数は，この球の体積を一つの状態 (n_x, n_y, n_z) が占める体積 ($= 1$) で割ればよいから $4\pi n_\mathrm{F}^3/3$ である．電子のスピンを考慮すると，各々の状態に電子は2個ずつ占有するから，全粒子数は

$$N = 2 \times \frac{4\pi n_\mathrm{F}^3}{3} = \frac{V k_\mathrm{F}^3}{3\pi^2}$$

となる．したがって

$$k_\mathrm{F} = (3\pi^2 n)^{1/3}$$

が得られる．この結果から，絶対零度における化学ポテンシャルは

$$\mu_0 = \frac{\hbar^2 k_\mathrm{F}^2}{2m} = \frac{\hbar^2 (3\pi^2 n)^{2/3}}{2m}$$

となる．

20-2. 本例題の式 (4.15) を用いると，電子数密度 $N/V = 10^{22} \mathrm{cm}^{-3}$ のときに

$$\varepsilon_\mathrm{F} = \frac{\hbar^2}{2m}(3\pi^2 n)^{2/3} = \frac{(1.05 \times 10^{-34}\,\mathrm{J\cdot s})^2}{2 \times 9.1 \times 10^{-31}\,\mathrm{kg}} \times (3\pi^2 \times 10^{28}\,\mathrm{m}^{-3})^{2/3}$$

$$\simeq 1.68\,\mathrm{eV}.$$

が得られる．これは室温よりはるかに大きいことがわかる．

20-3. 電子数密度と平均電子間距離との関係 $n = 1/\bar{r}^3$ を用いると，本例題の式式 (4.15) で求めたフェルミエネルギーは

$$\varepsilon_\mathrm{F} = \frac{\hbar^2}{2m}\left(3\pi^2 n\right)^{2/3} = \frac{(3\pi^2)^{2/3}\hbar^2}{2m}\frac{1}{\bar{r}^2}$$

となる．したがって，フェルミエネルギーとクーロン相互作用のエネルギーとの比は

$$\frac{V(\bar{r})}{\varepsilon_\mathrm{F}} = \frac{2me^2}{(3\pi^2)^{2/3}\hbar^2}\bar{r}$$

となる．フェルミエネルギーは電子の運動エネルギーであるので，この結果は，電子間距離が小さく（つまり密度が大きく）なるほど運動エネルギーの割合が大きく，逆に電子間距離が大きく（つまり密度が小さく）なるほどクーロン相互作用の割合が大きくなることを意味している．

21-1. 本例題の式 (4.20) に記したように内部エネルギーは

$$E = 2\int_0^\infty d\varepsilon\, \varepsilon f_\mathrm{FD}(\varepsilon) D(\varepsilon) = \frac{3}{2}N\mu_0^{-3/2}\int_0^\infty d\varepsilon\, \varepsilon^{3/2} f_\mathrm{FD}(\varepsilon)$$

である．ゾンマーフェルト展開を用いると

$$\int_0^\infty d\varepsilon\, \varepsilon^{3/2} f_\mathrm{FD}(\varepsilon) = \frac{2}{5}\mu^{5/2} + \frac{\pi^2}{6}(k_\mathrm{B}T)^2 \frac{3}{2}\mu^{1/2} + \mathcal{O}(T^4)$$

であるから，内部エネルギーは

$$E = \frac{3}{5}N\left(\frac{\mu}{\mu_0}\right)^{3/2}\mu\left[1 + \frac{5\pi^2}{8}\left(\frac{k_\mathrm{B}T}{\mu}\right)^2 + \mathcal{O}(T^4)\right]$$

となる．この式に例題 20 の式 (4.19)

を代入すれば
$$E = \frac{3}{5}N\mu_0\left[1 + \frac{5\pi^2}{12}\left(\frac{k_\text{B}T}{\mu_0}\right)^2 + \mathcal{O}(T^4)\right]$$
が得られる.

21-2. 例題 8 の式 (2.7) で求めた自由なフェルミ粒子系の大分配関数を用いて，グランドポテンシャルは
$$\Omega = -k_\text{B}T\sum_i \log\left(1 + e^{-\beta(\varepsilon_i - \mu)}\right)$$
となるから，エントロピーは
$$S = -\left(\frac{\partial \Omega}{\partial T}\right)_{V,\mu} = k_\text{B}\sum_i \log\left(1 + e^{-\beta(\varepsilon_i - \mu)}\right) + \frac{1}{T}\sum_i (\varepsilon_i - \mu)f_\text{FD}(\varepsilon_i)$$
となる．ここで，$\beta\varepsilon_i = \log e^{\beta\varepsilon_i}$ ならびに $f_\text{FD}(\varepsilon_i) + (1 - f_\text{FD}(\varepsilon_i)) = 1$ の関係式を用いると，上式は
$$S = -k_\text{B}\sum_i\{f_\text{FD}(\varepsilon_i)\log f_\text{FD}(\varepsilon_i) + (1 - f_\text{FD}(\varepsilon_i))\log(1 - f_\text{FD}(\varepsilon_i))\}$$
と整理される．$T = 0$ でフェルミ分布関数は $f_\text{FD}(\varepsilon) = \theta(\varepsilon_\text{F} - \varepsilon)$ と階段関数になるので，これを上式に入れると $S = 0$ となる．$T \ll \varepsilon_\text{F}$ の低温では，Ω を $k_\text{B}T$ に関して展開すればよく，$\Omega \simeq \Omega_0 + \mathcal{O}((k_\text{B}T)^2)$（ここで Ω_0 は定数）となることが示される．したがって，エントロピーは温度に比例してゼロになる．これは例題 21 で示した低温での熱容量の温度変化
$$C_V = \gamma T + \mathcal{O}(T^3)$$
から期待されることと合致している．上記の計算結果は，$T \to 0$ で $S \to 0$ となることを要請する熱力学の第 3 法則を満たしており，パウリ排他律により，状態数がただ一つのフェルミ縮退した状態が実現することを意味している．一方，例題 1 で取り扱った粒子の古典的な取り扱いでは，粒子の統計性を正しく考慮していなかったため低温でのエントロピーの振る舞いを正しく記述できなかった．

21-3. 本例題の式 (4.22) より，基底状態（絶対零度）の内部エネルギーは

$$E = \frac{3}{5} N \mu_0$$

である．ここで絶対零度の化学ポテンシャルは数密度を $n = N/V$ として

$$\mu_0 = \frac{\hbar^2}{2m} \left(3\pi^2 n\right)^{2/3}$$

である．したがって，絶対零度における圧力は

$$p = -\left(\frac{\partial E}{\partial V}\right)_{N,T} = \frac{3}{5} N \frac{\hbar^2}{2m} \left(3\pi^2 n\right)^{2/3} \frac{2}{3V}$$

となり，状態方程式

$$pV = \frac{2}{3} E$$

が成り立つ．

22-1. ボーア磁子の大きさは $\mu_\mathrm{B} = 9.27 \times 10^{-24}$ [J/T] であり，真空中では磁場の強さが 1 [Oe] のとき磁束密度の強さが 1 [G]($= 10^{-4}$ [T]) であるので，10^3 [Oe] のときのゼーマンエネルギーは 9.27×10^{-24} [J/T] $\times 10^{3-4}$ [T] $= 9.27 \times 10^{-25}$ [J] $= 5.79 \times 10^{-6}$ [eV] である．フェルミエネルギーはおよそ 1 eV であるから，この場合のゼーマンエネルギーはこれより大分小さい．

22-2. 例題 6 の結果より局在スピンの磁化率は

$$\chi = n \frac{g^2 \mu_\mathrm{B}^2}{4 k_\mathrm{B} T}.$$

であり，パウリの常磁性の磁化率は

$$\chi = \frac{3n}{8} \frac{g^2 \mu_\mathrm{B}^2}{\varepsilon_\mathrm{F}}$$

である．$\varepsilon_\mathrm{F}/k_\mathrm{B} \sim 10^4$ K なので，室温では局在スピンの磁化率が 100 倍程度大きい．

22-3. 本例題より磁化率は

$$\chi = \frac{g^2 \mu_\mathrm{B}^2}{2V} \int_{-\infty}^{\infty} d\varepsilon D'(\varepsilon) f_\mathrm{FD}(\varepsilon)$$

で与えられる．この右辺にゾンマーフェルト展開を用いると，温度の 2 次の範囲までで

$$\chi = \frac{g^2 \mu_{\rm B}^2}{2V} \left[D(\mu) + \frac{\pi^2}{6} D''(\mu) (k_{\rm B}T)^2 \right]$$

となる．状態密度の表式（例題 20 の式 (4.12) と式 (4.15)）

$$D(\varepsilon) = \frac{3N}{4\varepsilon_{\rm F}^{3/2}} \sqrt{\varepsilon}$$

ならびに低温における化学ポテンシャルの表式（例題 20 の式 (4.19)）

$$\mu = \varepsilon_{\rm F} - \frac{\pi^2}{12} \frac{(k_{\rm B}T)^2}{\varepsilon_{\rm F}}$$

を用いると，低温における磁化率は

$$\chi = \chi(T=0) \left[1 - \frac{\pi^2}{12} \left(\frac{k_{\rm B}T}{\varepsilon_{\rm F}} \right)^2 \right]$$

となる．

23-1. 化学ポテンシャルを決定する式は

$$\phi\left(\frac{3}{2}, z\right) = \zeta\left(\frac{3}{2}\right) \left(\frac{T_{\rm c}}{T}\right)^{\frac{3}{2}} \left[1 - \frac{1}{N} \frac{1}{z^{-1}-1} \right]$$

と変形できる．$T > T_{\rm c}$ では $0 < z < 1$ であり，$N \gg 1$ より右辺のかっこ内，第 2 項は 0 とすることができる．したがって，化学ポテンシャルは関数 $\phi(3/2, z)$ と直線 $\zeta\left(\frac{3}{2}\right)\left(\frac{T_{\rm c}}{T}\right)^{\frac{3}{2}}$ の交点により求まる．図に $\phi(3/2, z)$ といくつかの温度における $\zeta\left(\frac{3}{2}\right)\left(\frac{T_{\rm c}}{T}\right)^{\frac{3}{2}}$ を示した．$T \to T_{\rm c}$ に伴い，$z \to 1$ の様子がわかる．

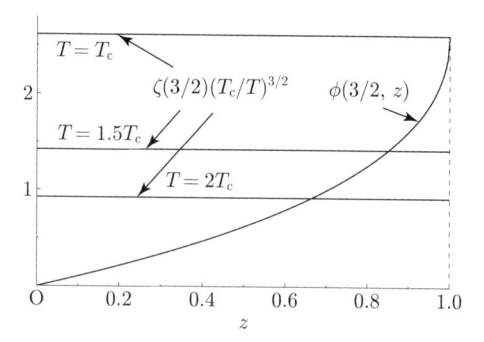

23-2. 転移温度の式 (4.49)

$$T_{\rm c} = \frac{2\pi\hbar^2}{mk_{\rm B}}\left(\frac{1}{\zeta(3/2)}\frac{N}{V}\right)^{2/3}$$

に $N/V = 10^{22}\ {\rm cm}^{-3}$ および $m = 6.69\times 10^{-27}\ {\rm kg}$ を代入すると，$T_{\rm c} = 1.85\ {\rm K}$ となる．

23-3. $T \leq T_{\rm c}$ では

$$N' = N\left(\frac{T}{T_{\rm c}}\right)^{3/2}$$

となるので，基底状態の粒子数として

$$N_0 = N - N' = N\left[1 - \left(\frac{T}{T_{\rm c}}\right)^{3/2}\right]$$

を得る．全エネルギーは

$$E = \int_0^\infty \varepsilon D(\varepsilon) f_{\rm BE}(\varepsilon) d\varepsilon$$

で与えられるが，粒子数の場合と異なりエネルギーに対しては基底状態を占有している粒子の寄与は考えなくてよいことに注意．計算を実行すると

$$\begin{aligned}E &= \frac{V}{4\pi}\left(\frac{2m}{\hbar^2}\right)^{3/2}\int_0^\infty d\varepsilon \frac{\varepsilon^{3/2}}{e^{\beta(\varepsilon-\mu)}-1}\\ &= \frac{V}{4\pi}\left(\frac{2m}{\hbar^2}\right)^{3/2}(k_{\rm B}T)^{5/2}\int_0^\infty dx \frac{x^{3/2}}{z^{-1}e^x-1}.\end{aligned}$$

となる．右辺の積分は本例題の式 (4.38) で導入した関数とガンマ関数を用いると $\Gamma(5/2)\phi(5/2,z)$ であり，また $\Gamma(5/2) = 3\sqrt{\pi}/4$ である．さらに転移温度の式 (4.49)

$$T_{\rm c} = \frac{2\pi\hbar^2}{mk_{\rm B}}\left(\frac{N}{\zeta(3/2)V}\right)^{2/3}$$

を用いると，内部エネルギーは

$$E = \frac{3}{2}Nk_{\rm B}T\left(\frac{T}{T_{\rm c}}\right)^{3/2}\frac{\phi(5/2,z)}{\zeta(3/2)}$$

となる．$T \leq T_{\rm c}$ では $z = 1$ であるから

$$E = \frac{3}{2}Nk_\mathrm{B}T\left(\frac{T}{T_\mathrm{c}}\right)^{3/2}\frac{\zeta(5/2)}{\zeta(3/2)}$$

となる．これを用いて定積熱容量は

$$C_V = \left(\frac{\partial E}{\partial T}\right)_{V,N} = \frac{15\zeta(5/2)}{4\zeta(3/2)}Nk_\mathrm{B}\left(\frac{T}{T_\mathrm{c}}\right)^{3/2}$$

となる．

24-1. 1次元に閉じ込められた粒子の状態密度は，発展問題 19-1 の結果を参考にすると $D(\varepsilon) = A/\sqrt{\varepsilon}$ となる．ここで，A はエネルギーによらない定数である．本例題の取り扱いと同様に全粒子を最低エネルギー準位を占有する粒子数 N_0 とそれ以外 N' に分けると

$$N' = \int_0^\infty D(\varepsilon)f_\mathrm{BE}(\varepsilon)d\varepsilon$$

であり，これを計算すると

$$N' = A\frac{\sqrt{k_\mathrm{B}T}}{\Gamma(1/2)}\phi(1/2, z)$$

となる．ここで $z = e^{\beta\mu}$ であり，ボーズ粒子では $\mu \leq 0$ であるから（発展問題 9-2 参照）$0 < z \leq 1$ である．関数 $\phi(s, z)$（アッペル関数）は

$$\phi(s,z) = \sum_{\ell=1}^\infty \frac{z^\ell}{\ell^s}.$$

と展開されることから，$\phi(s,0) = 0$ であり z の増加関数であることがわかる．また $z = 1$ においては

$$\phi(s,1) = \sum_{\ell=1}^\infty \frac{1}{\ell^s} = \zeta(s)$$

とツェータ関数 $\zeta(s)$ で表され，$s > 1$ の場合に収束する．$\phi(1/2, z)$ は $z = 1$ で発散するので，$N = N_0 + N'$ を満たす z は常に $0 < z < 1$ の範囲にある．これより化学ポテンシャルは $\mu < 0$ であることがわかる．$\mu < 0$ に対して各エネルギー準位を占有する粒子数は N と同程度となることはない．したがって，1次元系はボーズ・アインシュタイン凝縮を起こさないことがわかる．

24-2. エネルギーと波数の関係が $\varepsilon = vk$ で与えられる場合の状態密度は例題 14 の式 (3.31) から $D(\varepsilon) \propto \varepsilon^2$ となる．例題 24 と同様に全粒子を最低エネルギー準位を占有する粒子数 N_0 とそれ以外 N' に分けると

$$N' \propto T^3 \phi(3, z)$$

となる．ここで $z = e^{\beta\mu}$ であり，$\phi(3, z)$ は $0 \leq z \leq 1$ において単調増加である．$z = 1$ においてこの関数はツェーター関数を用いて $\phi(3, 1) = \zeta(3) = 1.202\cdots$ と表され，有限であることが示される．これより例題 23 と同様に，ある温度以下において N_0 が巨視的な数 $\mathcal{O}(N)$ と同程度となり，ボーズ・アインシュタイン凝縮が生じる．

24-3. この系において整数の組 (n_x, n_y, n_z) を座標軸とする 3 次元空間を考える．エネルギーが ε 以下の状態数 $\Omega(\varepsilon)$ は，この空間において

$$n_x + n_y + n_z \leq \frac{\varepsilon}{\hbar\omega}$$

を満たす格子点の数である．ただし，n_x, n_y, n_z はすべて 0 以上の整数である．これは $\varepsilon/\hbar\omega$ が大きいときには一辺が $\varepsilon/\hbar\omega$ の三角錐の体積である．したがって

$$\Omega(\varepsilon) = \frac{1}{6}\left(\frac{\varepsilon}{\hbar\omega}\right)^3.$$

が得られるので，状態密度は

$$D(\varepsilon) = \frac{d\Omega(\varepsilon)}{d\varepsilon} = \frac{\varepsilon^2}{2(\hbar\omega)^3}$$

となる．状態密度が ε^2 に比例するので発展問題 24-2 と同様に考えることができ，ボーズ・アインシュタイン凝縮が生じる．

5 章の発展問題

25-1. 本例題においてヘルムホルツの自由エネルギーは

$$F = \frac{NzJ}{2}\langle\sigma\rangle^2 - Nk_\mathrm{B}T \log\{2\cosh(\beta H_\mathrm{eff})\}$$

と求められた．磁化と自由エネルギーの関係

$$M = -\frac{1}{V}\left(\frac{\partial F}{\partial H}\right)_{N,V}$$

と有効磁場の表式 $H_{\text{eff}} = H + Jz\langle\sigma\rangle$ から

$$M = n\tanh\left(\beta H_{\text{eff}}\right)$$

が得られる．これが $n\langle\sigma\rangle$ に等しいという条件より，自己無撞着方程式を得ることができる．

25-2. i サイトとその最近接サイト $(i+\delta$ サイト $(\delta = 1, \cdots, z))$ に対する分配関数は

$$Z = \sum_{\sigma_i = \pm 1}\sum_{\sigma_{i+1}=\pm 1}\cdots\sum_{\sigma_{i+z}=\pm 1} e^{-\beta\mathcal{H}_i}$$

である．これを i サイトのスピン σ_i が ± 1 を取るときの分配関数の和として $Z = Z_+ + Z_-$ と表すと，それぞれは

$$\begin{aligned}
Z_\pm &= \sum_{\sigma_{i+1}=\pm 1}\cdots\sum_{\sigma_{i+z}=\pm 1}\exp\left[\beta\left(\pm J + H_{\text{eff}}\right)\sum_\delta \sigma_{i+\delta}\right] \\
&= \sum_{\sigma_{i+1}=\pm 1} e^{\beta(\pm J + H_{\text{eff}})\sigma_{i+1}}\cdots\sum_{\sigma_{i+z}=\pm 1} e^{\beta(\pm J + H_{\text{eff}})\sigma_{i+z}} \\
&= 2^z\cosh^z\left[\beta\left(\pm J + H_{\text{eff}}\right)\right]
\end{aligned}$$

となる．

25-3. 発展問題 25-2 における分配関数 $Z_\pm$ を用いると i サイトのスピンの平均値は

$$\langle\sigma_i\rangle = \frac{Z_+ - Z_-}{Z}$$

となる．一方，$i+\delta$ サイトにおけるスピンの平均値は

$$\begin{aligned}
\langle\sigma_{i+\delta}\rangle &= \frac{1}{Z}\sum_{\sigma_i=\pm 1}\left(\sum_{\sigma_{i+1}=\pm 1} e^{\beta(J\sigma_i + H_{\text{eff}})\sigma_{i+1}}\cdots\right.\\
&\qquad\left.\cdots\sum_{\sigma_{i+\delta}=\pm 1}\sigma_{i+\delta}e^{\beta(J\sigma_i + H_{\text{eff}})\sigma_{i+\delta}}\cdots\right) \\
&= \frac{1}{Z}\left[Z_+\tanh\beta\left(J + H_{\text{eff}}\right) + Z_-\tanh\beta\left(-J + H_{\text{eff}}\right)\right]
\end{aligned}$$

となる. i サイトと $i+\delta$ サイトは等価であるから $\langle \sigma_i \rangle = \langle \sigma_{i+\delta} \rangle$ が成り立たなければならない. この条件は

$$\left(\frac{\cosh\left[\beta\left(J + H_{\text{eff}}\right)\right]}{\cosh\left[\beta\left(-J + H_{\text{eff}}\right)\right]} \right)^{z-1} = \exp\left[2\beta H_{\text{eff}}\right].$$

もしくは変形することで

$$2\frac{\beta H_{\text{eff}}}{z-1} = \log\left(\frac{\cosh\left[\beta\left(J + H_{\text{eff}}\right)\right]}{\cosh\left[\beta\left(-J + H_{\text{eff}}\right)\right]} \right)$$

となり,これが求める自己無撞着方程式である.

26-1. 例題 25 の式 (5.14) から,磁場の無い場合のヘルムホルツの自由エネルギーは

$$F = \frac{NzJ}{2}\langle \sigma \rangle^2 - Nk_{\text{B}}T \log\left\{2\cosh\left(\beta Jz\langle \sigma \rangle\right)\right\}$$

である. 本例題で述べたように,$T < T_{\text{c}}$ における自己無撞着方程式は,$\langle \sigma \rangle = 0$ と $|\sigma|$ が有限で等しく符号の異なる合計 3 個の解が存在する. T_{c} 近傍では $|\langle \sigma \rangle|$ は小さいとして上式の右辺第 2 項を展開すると

$$F \sim -Nk_{\text{B}}T \log 2 - \frac{NzJ}{2}\langle \sigma \rangle^2 \left(\frac{T_{\text{c}}}{T} - 1 \right)$$

となる. 右辺第 2 項は $T < T_{\text{c}}$ で負であるから,このとき $\langle \sigma \rangle$ が有限の解が $\langle \sigma \rangle = 0$ の解よりエネルギーが低い.

26-2. 自己無撞着方程式

$$\langle \sigma \rangle = \tanh\left(\beta zJ\langle \sigma \rangle\right)$$

において,右辺に適当な初期値 $\langle \sigma_0 \rangle$ を代入することで左辺の $\langle \sigma_1 \rangle$ が得られる. これを改めて自己無撞着方程式の右辺に代入することで,左辺の $\langle \sigma_2 \rangle$ が得られる(次のページの図参照). これを繰り返すと $T < T_{\text{c}}$ の場合は最終的に $\lim_{n\to\infty}\langle \sigma_n \rangle$ はある値 $\langle \sigma \rangle \neq 0$ に収束する. 図では初期値を正に取っており,この場合は収束値も正となる. 初期値を負に取ると収束値も負となる. 収束値の絶対値は正負ともに同じ.

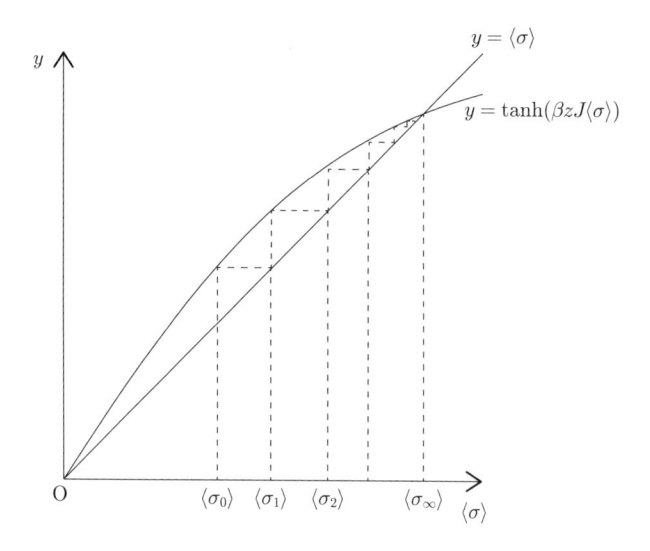

(figure: graph showing $y = \langle\sigma\rangle$ line and $y = \tanh(\beta zJ\langle\sigma\rangle)$ curve intersecting, with iterative points $\langle\sigma_0\rangle, \langle\sigma_1\rangle, \langle\sigma_2\rangle, \langle\sigma_\infty\rangle$ on the horizontal axis)

26-3. 転移温度近傍での磁場が無い場合の内部エネルギーはヘルムホルツの自由エネルギーから

$$E = \left(\frac{\partial (\beta F)}{\partial \beta}\right)_N = -NJz\frac{1}{2}\langle\sigma\rangle^2$$

となり，これを用いて熱容量は

$$C = \left(\frac{\partial E}{\partial T}\right)_N = NJz\frac{\langle\sigma\rangle}{k_B T^2}y$$

となる．ここで $y = \partial\langle\sigma\rangle/\partial\beta$ とした．自己無撞着方程式

$$\langle\sigma\rangle = \tanh\left(\beta zJ\langle\sigma\rangle\right)$$

の両辺を β で微分すると

$$y = \frac{1}{\cosh^2(\beta zJ\langle\sigma\rangle)}\left(zJ\langle\sigma\rangle + \beta zJy\right)$$

となり，これを y について解くことで

$$C = N\frac{(zJ)^2\langle\sigma\rangle^2}{k_B T^2}\frac{1}{(\cosh^2(\beta zJ\langle\sigma\rangle) - T_c/T)}$$

が得られる．これは $T > T_c$ で $C = 0$ である．$T < T_c$ かつ T_c の近傍では式 (5.22) から $\langle\sigma\rangle^2 = 3(1 - T/T_c)$ であるから

$$C = N\frac{3(zJ)^2}{2k_{\rm B}T_{\rm c}^2}$$

であり，これは有限の値を取る．したがって，$T = T_{\rm c}$ で 0 から有限の値に不連続に変化する．

27-1. $a = e^{\beta J}$ とおけば

$$\hat{Z}_1 = \begin{pmatrix} a & a^{-1} \\ a^{-1} & a \end{pmatrix}$$

であるから，固有方程式は

$$\left|\hat{Z}_1 - \lambda\hat{E}\right| = (a-\lambda)^2 - a^{-2} = \lambda^2 - 2a\lambda + a^2 - a^{-2} = 0$$

となる．ここで E は単位行列である．これを解いて固有値は

$$\lambda_\pm = a \pm \frac{1}{a} = e^{\beta J} \pm e^{-\beta J}$$

となり，固有ベクトルは

$$\frac{1}{\sqrt{2}}\begin{pmatrix} 1 \\ \pm 1 \end{pmatrix}$$

と求まる．よって $\hat{Z}_1$ を対角化するユニタリ行列は

$$\hat{U} = \frac{1}{\sqrt{2}}\begin{pmatrix} 1 & 1 \\ 1 & -1 \end{pmatrix}.$$

となる．

27-2. ゼーマン項が

$$H\sum_{i=1}^{N}\sigma_i = H\frac{1}{2}\sum_{i=1}^{N}(\sigma_i + \sigma_{i+1})$$

と書き換えられるのでハミルトニアンは

$$\mathcal{H} = \sum_{i=1}^{N}\left[-J\sigma_i\sigma_{i+1} - \frac{H}{2}(\sigma_i + \sigma_{i+1})\right] = \sum_{i=1}^{N}\mathcal{H}_{i,i+1}$$

となり，二つのサイトをつなぐボンドに関するハミルトニアン $\mathcal{H}_{i,i+1}$ の和として表される．したがって，分配関数は

$$Z_N(H) = \sum_{\{\sigma_i\}} \exp\left(-\sum_{i=1}^{N}\beta\mathcal{H}_{i,i+1}\right) = \sum_{\{\sigma_i\}}\prod_{i=1}^{N}e^{-\beta\mathcal{H}_{i,i+1}}$$
$$= \sum_{\{\sigma_i\}} Z_1(H)_{\sigma_1,\sigma_2} Z_1(H)_{\sigma_2,\sigma_3} \cdots Z_1(H)_{\sigma_N,\sigma_1}$$

と書くことができる．ここで，

$$Z_1(H)_{\sigma_i,\sigma_{i+1}} \equiv e^{-\beta\mathcal{H}_{i,i+1}}$$

を導入した．また，和の記号 $\{\sigma_i\}$ はすべてサイトの σ_i に対する様々な組み合わせについて和を取ることを意味する．ここで，行を σ_i，列を σ_{i+1} で指定する 2×2 行列を考え，その成分が $Z_1(H)_{\sigma_i,\sigma_{i+1}}$ となる行列は

$$\hat{Z}_1(H) = \begin{pmatrix} e^{\beta(J+H)} & e^{-\beta J} \\ e^{-\beta J} & e^{\beta(J-H)} \end{pmatrix}$$

となる．したがって，分配関数は本例題と同様に考えて

$$Z_N(H) = \sum_{\sigma_1 = \pm 1}(\hat{Z}_1(H)^N)_{\sigma_1,\sigma_1} = \mathrm{Tr}[\hat{Z}_1(H)^N]$$

となる．

27-3. $a = e^{\beta J}$, $b = e^{-\beta H}$ とおくと

$$\hat{Z}_1(H) = \begin{pmatrix} ab & a^{-1} \\ a^{-1} & ab^{-1} \end{pmatrix}$$

であるから，固有方程式は

$$|\hat{Z}_1(H) - \lambda\hat{E}| = (ab-\lambda)(ab^{-1}-\lambda) - a^{-2}$$
$$= \lambda^2 - a(b+b^{-1})\lambda + a^2 - a^{-2} = 0$$

となる．これを解くことで固有値は

$$\lambda_\pm(H) = e^{\beta J}\cosh(\beta H) \pm \sqrt{e^{-2\beta J} + e^{2\beta J}\sinh^2(\beta H)}$$

となる．したがって，分配関数は

$$Z = \mathrm{Tr}\left[Z_1(\hat{H})^N\right] = \mathrm{Tr}\left[\left(UZ_1(\hat{H})U^{-1}\right)^N\right] = \mathrm{Tr}\begin{pmatrix}\lambda_+(H) & 0 \\ 0 & \lambda_-(H)\end{pmatrix}^N$$

$$= \lambda_+(H)^N + \lambda_-(H)^N$$

となる．ここで対角和の中で行列の入替ができることを用いた．$N \gg 1$ では $\lambda_+(H)^N \gg \lambda_-(H)^N$ であるから $Z = \lambda_+(H)^N$ である．この結果からヘルムホルツの自由エネルギーは

$$F = -k_\mathrm{B}T\log Z = -Nk_\mathrm{B}T\log\lambda_+(H)$$

となる．

28-1. 1次元鎖の場合は $z = 2$，2次元正方格子の場合には $z = 4$，3次元立方格子では $z = 6$ であり，平均場近似の転移温度 $T_\mathrm{c} = zJ/k_\mathrm{B}$ はそれぞれ $T_\mathrm{c} = 2J/k_\mathrm{B}$，$4J/k_\mathrm{B}$，$6J/k_\mathrm{B}$ となる．本例題で1次元イジング模型では強磁性転移が有限温度で生じないことが厳密に示されたので，平均場近似は定性的にも誤った結果を与える．2次元イジング模型では $T_\mathrm{c} \simeq 2.269J/k_\mathrm{B}$ であることが厳密解から知られており，3次元イジング模型では $T_\mathrm{c} \simeq 4.5J/k_\mathrm{B}$ であることが数値計算から得られている．次元の増大に伴い，最近接サイト数が増えて転移温度が増大し，これに伴い平均場近似が良い評価を与えることがわかる．これは最近接サイトのスピンの数が増えることでゆらぎの効果が小さくなるためであると解釈できる．

28-2. 簡単のために $A = \beta J$, $B = \beta H_\mathrm{eff}$ と置くと，発展問題 25-3 で求めた自己無撞着方程式は

$$\frac{2B}{z-1} = \log\left[\frac{\cosh(A+B)}{\cosh(-A+B)}\right]$$

となる．$B \ll 1$ として B の3次まで右辺を展開すると

$$\log\left[\frac{\cosh(A+B)}{\cosh(-A+B)}\right] \simeq 2\tanh A\left(B - \frac{1}{3\cosh^2 A}B^3 + \cdots\right)$$

となる．これより自己無撞着方程式は

$$\frac{B}{z-1} = \tanh A\left(B - \frac{1}{3\cosh^2 A}B^3\right)$$

となるので

$$\frac{1}{z-1} = \tanh\frac{J}{k_\mathrm{B} T_\mathrm{c}}$$

が転移温度を決定する方程式となる．これを解くと

$$T_\mathrm{c} = \frac{2J}{k_\mathrm{B}\log\frac{z}{z-2}}.$$

となる．1次元鎖，2次元正方格子，3次元立方格子ではそれぞれ $z=2$, 4, 6 なので，転移温度は

$$T_\mathrm{c} = \begin{cases} 0 & (1\text{次元鎖}) \\ \frac{2J}{k_\mathrm{B}\log 2} & (2\text{次元正方格子}) \\ \frac{2J}{k_\mathrm{B}\log 3/2} & (3\text{次元立方格子}) \end{cases}$$

となり，1次元の場合には有限温度で自発磁化が出現しないことが得られる．この結果は厳密解の結果を再現する．

28-3. 基底状態と第一励起状態のヘルムホルツの自由エネルギーの差 $\Delta F \sim 2J - k_\mathrm{B}T\log N$ において，第1項はキンクの生成による自由エネルギーの上昇であり，第2項はキンクのエントロピーによる自由エネルギーの低下に起因している．$\Delta F = 0$ が転移温度を決定する条件であり

$$k_\mathrm{B} T_\mathrm{c} = \frac{2J}{\log N}$$

が与えられるが，これは $N \to \infty$ でゼロとなる．有限温度では自由エネルギーにおけるキンクのエントロピーの寄与が，キンクのエネルギーの寄与に比べ大きい．つまり強磁性状態は熱ゆらぎによって破壊され有限温度において実現しないことを意味しており，これは本例題の厳密解の結果に物理的な解釈を与える．

29-1. 本例題の式 (5.62) から磁場と磁化の関係は

$$H = 2aM + 4bM^3$$

と与えられる．ここで $a = a_0(T - T_c)$, $a_0 > 0$, $b > 0$ であるので，$T > T_c$ では H は M に関して単調増加の関数である．一方，$T < T_c$ では H は $M = 0$ 近傍で非単調な振る舞いを示す．これを横から見たグラフ（M を H の関数としたグラフ）を図に示す．$T < T_c$ では，$H_b = \frac{1}{\sqrt{b}}\left[\frac{2a_0}{3}(T_c - T)\right]^{3/2}$ として，$-H_b < H < H_b$ の領域で M は H の 3 価関数となる．グラフの傾きが負 ($\partial M/\partial H < 0$) の領域（曲線の CD 間）は $\partial^2 \widetilde{F}/\partial H^2 < 0$ を意味しており，これは熱力学的に不安定な状態である．また，AB と DE, BC と EF の領域に関しては，M と H の符号が等しい場合にエネルギーが低いので，AB ならびに EF の領域が実現する．したがって，$T < T_c$ で実現する磁化の磁場依存性は図の実線となる．

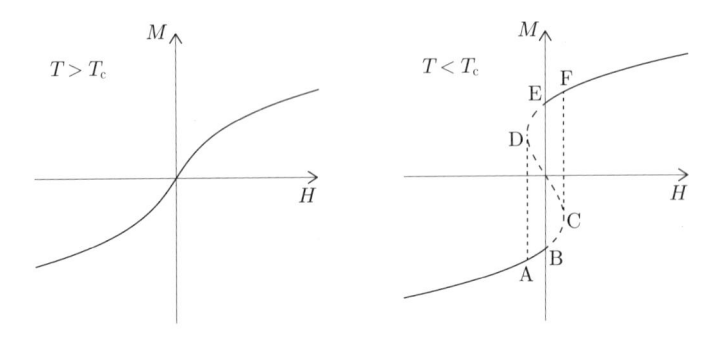

29-2. 例題 26 の結果より，平均場近似の場合には $\alpha = 0$, $\beta = 1/2$, $\gamma = 1$ より $\alpha + 2\beta + \gamma = 2$ となる．本例題の擬似自由エネルギーによる取り扱いにおいても $\alpha = 0$, $\beta = 1/2$, $\gamma = 1$ となるので，両者の臨界指数は同じである．

29-3. 本例題の式 (5.60) において $F_0 = 0$ ならびに $H = 0$ として $\mathcal{O}(M^6)$ まで考慮した

$$\widetilde{F} = a_0(T - T_0)M^2 + bM^4 + cM^6$$

を考える．係数を $a_0 > 0$, $b < 0$, $c > 0$ としたときの転移点近傍の自由エネルギーを図に示す．本例題の結果と異なり，温度の降下とともに $M \neq 0$ で $\widetilde{F}$ に極小が生じる．ある温度 T_c で極小点での $\widetilde{F}$ は，$M = 0$ での $\widetilde{F}(= 0)$ と一致し，$T < T_c$ ではこれが $M = 0$ での $\widetilde{F}(= 0)$ より低下して最小値を取るので，T_c は

転移温度と見なせる．$M \neq 0$ の極小点は $\partial \widetilde{F}/\partial M = 0$ より

$$M^2 = \frac{-b + \sqrt{b^2 - 3a_0 c(T - T_c)}}{3c}$$

となり，この M のときの $\widetilde{F}$ が $M = 0$ での $\widetilde{F}$ に等しいという条件により

$$T_c = T_0 + \frac{b^2}{4a_0 c}$$

が得られる．

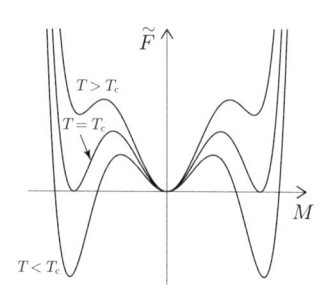

30-1. σ_i と H_i のフーリエ変換

$$\sigma_i = \frac{1}{\sqrt{N}} \sum_{\bm{k}} e^{-i\bm{k}\cdot\bm{r}_i} \sigma_{\bm{k}}$$

$$H_i = \frac{1}{\sqrt{N}} \sum_{\bm{k}} e^{-i\bm{k}\cdot\bm{r}_i} H_{\bm{k}}$$

を $\mathcal{H}_H$ に代入すると

$$\mathcal{H}_H = -\frac{1}{N} \sum_i \sum_{\bm{k}\bm{k}'} e^{-i(\bm{k}+\bm{k}')\cdot\bm{r}_i} \sigma_{\bm{k}} H_{\bm{k}'} = -\sum_{\bm{k}} \sigma_{\bm{k}} H_{-\bm{k}}$$

が得られる．ここで，$\sum_i e^{-i(\bm{k}+\bm{k}')\cdot\bm{r}_i} = N\delta_{\bm{k},-\bm{k}'}$ を用いた．

30-2. スピンの平均値は

$$\langle \sigma_{\bm{k}} \rangle = \frac{1}{Z} \sum_{\sigma_1 = \pm 1} \cdots \sum_{\sigma_N = \pm 1} \sigma_{\bm{k}} \exp[-\beta \mathcal{H}]$$

$$= \frac{1}{\beta} \frac{\partial}{\partial H_{-\bm{k}}} \log Z$$

となる．これを用いて

$$\chi_k = \left.\frac{\partial \langle \sigma_k \rangle}{\partial H_k}\right|_{H_k=0} = \frac{1}{\beta}\left.\frac{\partial^2}{\partial H_k \partial H_{-k}}\log Z\right|_{H_k=0}$$
$$= \frac{1}{k_{\rm B}T}\left(\langle \sigma_k \sigma_{-k}\rangle - \langle \sigma_k \rangle^2\right)$$

となる．$T > T_{\rm c}$ では $\langle \sigma_k \rangle = 0$ であるから
$$\chi_k = \frac{\langle \sigma_k \sigma_{-k}\rangle}{k_{\rm B}T}$$

となる．

30-3. 考えている系に並進対称性があると仮定すると $\langle \sigma_k \sigma_{k'} \rangle = \langle \sigma_k \sigma_{-k}\rangle \delta_{k,-k'}$ が成り立つ．相関関数 $\langle \sigma_i \sigma_j \rangle$ に σ_i のフーリエ変換を代入し，上記の関係を用いると

$$\langle \sigma_i \sigma_j \rangle = \frac{1}{N}\sum_{k,k'} e^{-i(k\cdot r_i + k'\cdot r_j)}\langle \sigma_k \sigma_{k'}\rangle = \frac{1}{N}\sum_k e^{-ik\cdot(r_i - r_j)}\langle \sigma_k \sigma_{-k}\rangle$$
$$= \frac{1}{N}\sum_k e^{-ik\cdot(r_i - r_j)}\frac{C}{1 + k^2 \xi^2}$$

が得られる．ここで，例題 14 を参考にして波数に関する和を 3 次元の波数空間の積分に直して実行すると

$$\langle \sigma_i \sigma_j \rangle = \frac{1}{N}\frac{V}{8\pi^3}\int d\boldsymbol{k}\, e^{-i k (r_i - r_j)}\frac{C}{1 + k^2 \xi^2}$$
$$= \frac{1}{N}\frac{VC}{4\pi \xi^2}\frac{1}{|\boldsymbol{r}_i - \boldsymbol{r}_j|}e^{-|\boldsymbol{r}_i - \boldsymbol{r}_j|/\xi}$$

が得られる．ここで，$a, b > 0$ のとき
$$\int_0^\infty dx \frac{x \sin ax}{x^2 + b^2} = \frac{\pi}{2}e^{-ab}$$

が成り立つことを用いた．この結果は，二つのスピン間の相関は ξ 程度の距離に限られることを意味する．

索 引

【英数字】

N 次元球の体積 8
1 次相転移 123
2 次相転移 123
2 準位系 19

【あ】

アインシュタイン模型 49, 53
イジング模型 102
位相空間 2
一粒子分布関数 28
ウィーンの法則 77
エネルギーの等分配則 7
エルミート多項式 53
エントロピー 3
音響型格子振動 50

【か】

化学ポテンシャル 43, 83
カノニカル集団 3
感受率 111
完全な熱力学関数 7
ガンマ関数 8
基準振動 50
ギブスの因子 3
キュリー・ワイスの法則 112
キュリーの法則 23
強磁性 104

グランドカノニカル集団 3
グランドポテンシャル 4
厳密解 113, 117
光学型格子振動 55
格子振動 48

【さ】

最大項の方法 39
磁化 22
磁化率 22
自己無撞着方程式 103, 107
修正されたマクスウェル・ボルツマン
統計 28
シュテファン・ボルツマンの法則 ....
.... 51, 77
昇降演算子 67
小正準集団 2
状態密度 57, 80
ショットキー型比熱 20
スカラーポテンシャル 70
スケーリング則 124
スターリングの公式 7
正準集団 3
零点エネルギー 54
相関距離 125
相転移 101
相転移のランダウ理論 121, 125
粗視化 39

【た】

ゾンマーフェルト展開 44
大正準集団 3
大分配関数 3
多体問題 102
縦波 50
逐次法 112
秩序変数 111
調和振動子 9, 48
ツェータ関数 47, 95
デバイ温度 64
デバイ模型 61
デュロン・プティの法則 11
転移温度 110
電磁場 48, 70
電子比熱 87
転送行列 113
等重率の原理 2

【な】

熱的ド・ブロイ波長 8

【は】

パイエルスの議論 120
ハイゼンベルグ模型 102
パウリの常磁性 89
パウリの排他律 78
汎関数 125
フェルミ・ディラック統計 .. 27, 29
フェルミ・ディラック分布関数 .....
.... 28, 32
フェルミエネルギー 78
フェルミ球 85
フェルミ縮退 78
フェルミ波数 85
フェルミ粒子 26
プランクの公式 51, 76
ブリルアン関数 25
分散関係 50
分配関数 3
平均場近似 103, 105
ベーテ近似 108, 119
ベクトルポテンシャル 70
ヘルムホルツの自由エネルギー ... 4
ボーア磁子 22
ボーズ・アインシュタイン凝縮 .....
.... 79, 93
ボーズ・アインシュタイン統計 .....
.... 27, 29
ボーズ・アインシュタイン分布関数 ..
.... 28, 36
ボーズ粒子 26
ボルツマンの原理 3

【ま】

マクスウェル・ボルツマン統計 ... 27
マクスウェル・ボルツマン分布関数 ..
.... 28, 42
ミクロカノニカル集団 2

【や】

ゆらぎ 18
揺動散逸定理 128

横波 50

【ら】
ラグランジュの未定係数法 40
理想気体 6, 15

粒子数表示 27
臨界指数 124
レイリー・ジーンズの法則 51, 77
連結振動 60

著者紹介

石原純夫（いしはら すみお）

1995 年	東北大学大学院理学研究科博士課程後期修了 博士（理学）
1997 年	東北大学金属材料研究所 助手
2001 年	東京大学大学院工学系研究科 講師
2002 年	東北大学大学院理学研究科 助教授
2012 年-現在	東北大学大学院理学研究科 教授
専　門	固体物性理論

泉田　渉（いずみだ わたる）

1999 年	東北大学大学院理学研究科博士課程後期修了 博士（理学）
1998 年	日本学術振興会 特別研究員
2000 年	科学技術振興事業団 研究員
2003 年	デルフト工科大学（オランダ）研究員
2003 年	東北大学大学院理学研究科 助手
2004-2005 年	デルフト工科大学 研究員
2007 年-現在	東北大学大学院理学研究科 助教
専　門	物性理論
趣味等	自転車で散策，観賞魚飼育，ジャグリング，コマ集め，など．

フロー式 物理演習シリーズ 10

量子統計力学
マクロな現象を量子力学から
理解するために

Quantum statistical mechanics
—Macroscopic phenomena from
quantum mechanics—

2014 年 4 月 15 日　初版 1 刷発行
2020 年 2 月 25 日　初版 2 刷発行

検印廃止
NDC 421.4
ISBN 978-4-320-03509-6

著　者　石原純夫・泉田　渉 © 2014
監　修　須藤彰三
　　　　岡　真
発行者　南條光章
発行所　共立出版株式会社
　　　　東京都文京区小日向 4-6-19
　　　　電話　03-3947-2511（代表）
　　　　郵便番号　112-0006
　　　　振替口座　00110-2-57035
　　　　URL　www.kyoritsu-pub.co.jp

印　刷　大日本法令印刷
製　本　協栄製本

一般社団法人
自然科学書協会
会員

Printed in Japan

JCOPY ＜出版者著作権管理機構委託出版物＞
本書の無断複製は著作権法上での例外を除き禁じられています．複製される場合は，そのつど事前に，出版者著作権管理機構（TEL：03-5244-5088，FAX：03-5244-5089，e-mail：info@jcopy.or.jp）の許諾を得てください．

特殊関数

ガンマ関数　$\Gamma(s) = \displaystyle\int_0^\infty e^{-t} t^{s-1} dt \quad (\mathrm{Re}(s) > 0)$

$\Gamma(s+1) = s\Gamma(s)$

$\Gamma(n+1) = n! \quad (n:整数), \quad \Gamma\left(\dfrac{1}{2}\right) = \sqrt{\pi}$

ツェータ関数　$\zeta(s) = \dfrac{1}{\Gamma(s)} \displaystyle\int_0^\infty \dfrac{t^{s-1}}{e^t - 1} dt \quad (\mathrm{Re}(s) > 1)$

$\zeta(s) = \displaystyle\sum_{n=1}^\infty \dfrac{1}{n^s} \quad (\mathrm{Re}(s) > 1)$

$\zeta(2) = \dfrac{\pi^2}{6}, \quad \zeta(4) = \dfrac{\pi^4}{90}$

アッペル関数　$\phi(s, z) = \dfrac{1}{\Gamma(s)} \displaystyle\int_0^\infty \dfrac{t^{s-1}}{z^{-1} e^t - 1} dt$

$\phi(s, z) = \displaystyle\sum_{n=1}^\infty \dfrac{z^n}{n^s} \quad (\mathrm{Re}(s) > 1, |z| < 1)$

エルミート多項式　$H_n(x) = (-1)^n e^{x^2} \dfrac{d^n e^{-x^2}}{dx^n}$

$H_{n+1}(x) = 2x H_n(x) - 2n H_{n-1}(x)$

$H_0(x) = 1, \quad H_1(x) = 2x, \quad H_2(x) = 4x^2 - 2$

一粒子分布関数

フェルミ・ディラック分布関数　$f_{\mathrm{FD}}(\varepsilon) = \dfrac{1}{e^{\beta(\varepsilon - \mu)} + 1}$

ボーズ・アインシュタイン分布関数　$f_{\mathrm{BE}}(\varepsilon) = \dfrac{1}{e^{\beta(\varepsilon - \mu)} - 1}$

マクスウェル・ボルツマン分布関数　$f_{\mathrm{MB}}(\varepsilon) = e^{-\beta(\varepsilon - \mu)}$

格子振動の統計力学

状態密度（3次元デバイ模型）　$D_\omega(\omega) = \dfrac{V}{2\pi^2} \left(\dfrac{1}{v_\ell^3} + \dfrac{2}{v_t^3} \right) \omega^2 \theta(\omega_{\mathrm{D}} - \omega)$

$= 9N \dfrac{\omega^2}{\omega_{\mathrm{D}}^3} \theta(\omega_{\mathrm{D}} - \omega)$

内部エネルギー（零点エネルギーを除く）　$E = \displaystyle\int_0^\infty D_\omega(\omega) \dfrac{\hbar\omega}{e^{\beta\hbar\omega} - 1} d\omega$